现代艺术设计类"十二五"精品规划教材

CorelDRAW平面设计案例教程

主 编 李 凯 王 南

副主编 王秀竹 赵 娟 杨婷婷 李云波

中国水利水电出版社

www.waterpub.com.cn

内 容 提 要

CorelDRAW是当今流行的矢量图形设计软件之一，被广泛应用于VI设计、平面广告招贴设计、文字处理和排版、服装设计、插画设计、名片设计、包装设计、书籍装帧设计等诸多领域。本书根据学校教师和学生的实际需求，在介绍最常用的功能、使用方法与应用技巧的同时，每章对案例的绘制流程及步骤都进行了详尽的讲解，并且在每章后面都配有拓展练习与思考题，使读者能在较短的时间内理解掌握CorelDRAW X6的操作方法与应用技巧，以达到举一反三的教学效果。

本书共讲解32个大小案例，每个章节的应用案例都是从简单到综合。有很强的实用性、操作性、指导性。本书可作为高校设计专业综合实训的教材，也可作为相应内容学习的案例教材，还可作为设计爱好者的参考书。

本书配有免费电子教案，读者可以从中国水利水电出版社网站以及万水书苑下载，网址为：http://www.waterpub.com.cn/softdown/或http://www.wsbookshow.com。

图书在版编目（CIP）数据

CorelDRAW平面设计案例教程 / 李凯，王南主编. --
北京：中国水利水电出版社，2014.1
现代艺术设计类"十二五"精品规划教材
ISBN 978-7-5170-1577-2

Ⅰ．①C… Ⅱ．①李… ②王… Ⅲ．①图形软件—高等
学校—教材 Ⅳ．①TP391.41

中国版本图书馆CIP数据核字(2013)第321304号

策划编辑：石永峰　　责任编辑：陈洁　　加工编辑：冯玮　　封面设计：李佳

书　　名	现代艺术设计类"十二五"精品规划教材 CorelDRAW平面设计案例教程
作　　者	主编 李凯 王南 副主编 王秀竹 赵娟 杨婷婷 李云波
出版发行	中国水利水电出版社 （北京市海淀区玉渊潭南路1号D座 100038） 网　址：www.waterpub.com.cn E-mail：mchannel@263.net（万水） 　　　　sales@waterpub.com.cn 电　话：(010) 68367658（发行部）、82562819（万水）
经　　售	北京科水图书销售中心（零售） 电　话：(010) 88383994、63202643、68545874 全国各地新华书店和相关出版物销售网点
排　　版	北京万水电子信息有限公司
印　　刷	北京联城乐印刷制版技术有限公司
规　　格	210mm×285mm　16开本　11.75印张　310千字
版　　次	2014年1月第1版　2014年1月第1次印刷
印　　数	0001—3000 册
定　　价	45.00 元

前言

　　本书以CorelDRAW X6中文版为工具，采用"教学目标+难点重点+实例知识点提示+制作流程+操作步骤"的方式编写，即每个案例都详细地解析了该案例的技术点及相关设计知识，并以详细的操作步骤解析了实例的制作方法，为读者提供广泛的设计思路。

　　本书从平面广告设计的角度出发，精心筛选了32个案例，内容涉及平面设计的各个领域，如标志、名片、VIP、艺术文字、CD包装、书籍封面、艺术插画、招贴、商业包装和商业海报等广告设计类别，案例都是从简单到综合，由简到繁的讲解。全书共分9章，相关内容如下：

　　第1章介绍了有关CorelDRAW X6的应用领域、工作界面以及工作界面中各部分的作用和功能等，最后对CorelDRAW X6的一些基本概念做了详细讲解。

　　第2章讲解绘制矩形、椭圆、圆、圆弧、多边形和星形等图形的基本图形工具，以及对象的编辑、复制、镜像、旋转等功能。

　　第3章讲解绘制和编辑曲线，简单图形的绘制可以帮助读者进一步理解和掌握CorelDRAW X6的相关工具的属性设置方法和操作技巧，绘制出更复杂、更精美的作品。

　　第4章讲解在CorelDRAW中如何为对象填充颜色、如何为图形编辑轮廓线的方法与技巧。

　　第5章讲解多个对象的对齐和分布；网格和辅助线、标尺的设置和使用；对象的排序等的相关知识。

　　第6章讲解文本的处理方法，包括创建文本、设置文本属性及编辑文本，段落文本的输入及编辑等。

　　第7章讲解如何对矢量图进行调和、立体、扭曲、透明等效果的操作。

　　第8章讲解矢量图形转换成位图、编辑位图以及对位图添加特殊效果等的操作方法。

　　第9章讲解CorelDRAW中打印文件、输出前准备、PDF输出、印前等相关技术。

　　通过9章内容的学习使读者理解CorelDRAW X6各项功能的使用方法与技巧，并快速的掌握CorelDRAW X6的操作与使用。

　　本书由李凯、王南担任主编，王秀竹、赵娟、杨婷婷、李云波担任副主编，王荣国、耿晓蕾、郑红、曹丽、孙大伟、杨林蛟、王旭、周功等也参与了本书的编写，全书由王南统稿完成。由于编者水平有限，书中难免存在不妥之处，敬请广大读者批评指正。

编者

2013 年11月

目录

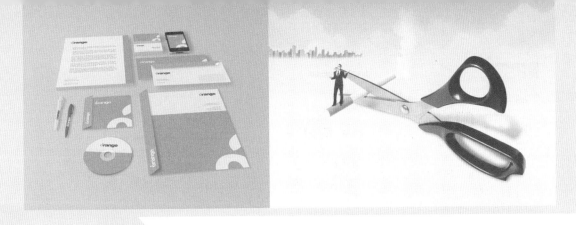

第1章 CorelDRAW X6 基础知识

教学目标：

本章首先介绍了有关平面设计的一些基础知识，使读者对 CorelDRAW X6 有初步的了解，主要包括如何进入 CorelDRAW X6 工作界面以及工作界面中各部分的作用和功能等，最后对 CorelDRAW X6 的一些基本概念做了详细讲解。通过本章的学习，希望读者能够熟练掌握 CorelDRAW X6 软件的界面及新增功能，并为今后的学习打下坚实的基础。

重点难点：

了解 CorelDRAW X6 软件的界面以及文件的基本操作和应用。

1.1 CorelDRAW X6 概述

CorelDRAW X6 是由 Corel 公司推出的一个集图形设计、文字编辑、排版、输出于一体的大型矢量图形制作工具软件。

1.1.1 软件的应用领域

CorelDRAW X6 主要应用在 VI 设计表现、平面广告招贴设计表现、文字处理和排版、服装设计表现、插画设计表现、名片设计表现、包装设计表现、书籍装帧设计表现等众多领域。

1. VI 设计表现

CorelDRAW X6 在 VI 设计方面得到广泛应用。（VI 全称 Visual Identity，即企业 VI 视觉设计，通译为视觉识别系统。是将 CI 的非可视内容转化为静态的视觉识别符号。是传播企业经营理念、建立企业知名度、塑造企业形象的快速便捷之途。）如图 1-1、图 1-2 和图 1-3 所示。

2. 平面广告设计表现

平面广告设计是以加强销售为目的所做的设计。也就是奠基在广告学与设计上面，来替产品、品牌、活动等做广告。它是集电脑技术、数字技术和艺术创意于一体的综合内容。通过 CorelDRAW X6 的全方面的设计及网页功能融合到现有的设计方案中，制作矢量的插图、设计及图像。如图 1-4 和图 1-5 所示。

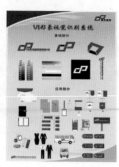

图 1-1　VI 设计表现

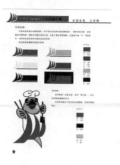

图 1-2　VI 设计表现

图 1-3　VI 设计表现

图 1-4　平面广告招贴设计表现

图 1-5　平面广告招贴设计表现

3．文字处理和排版

CorelDRAW X6 提供的文字曲线编辑功能，可以帮助用户创造出变化多端、特色鲜明的艺术字体。在平面设计和 VI 设计中，字体设计是非常重要的设计环节。CorelDRAW X6 制作的特效字如图 1-6 和图 1-7 所示。

图 1-6　文字处理和排版

图 1-7　文字处理和排版

4．服装设计表现

服装设计过程即根据设计对象的要求进行构思，并绘制出效果图、平面图，再根据图纸进行制作，完成设计的全过程。CorelDRAW X6 提供了大量实用的线条编辑工具，以及颜色填充的工具，为服装设计师提供了便利的条件。使用 CorelDRAW X6 制作的效果图如图 1-8、图 1-9 和图 1-10 所示。

图 1-8　服装设计表现

图 1-9　服装设计表现

图 1-10　服装设计表现

5．插画设计表现

CorelDRAW X6 具有强大的插画绘制功能，用户可以根据需要，运用工具绘制出适量图形、图案和精美的插画。使用 CorelDRAW X6 制作的插画如图 1-11、图 1-12 和图 1-13 所示。

图 1-11　插画设计表现

图 1-12　插画设计表现

图 1-13　插画设计表现

6．名片设计表现

名片作为一个人、一种职业的独立媒体，在设计上要讲究其艺术性。CorelDRAW X6 集合了图形创作以及文字排版的功能，为快捷地设计名片提供了便利条件。使用 CorelDRAW X6 制作的效果图如图 1-14、图 1-15 和图 1-16 所示。

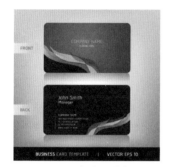
图 1-14　名片设计表现

图 1-15　名片设计表现

图 1-16　名片设计表现

7．包装设计表现

包装设计即指选用合适的包装材料，运用巧妙的工艺手段，为包装商品进行的容器结构造型和包装的美化装饰设计。CorelDRAW X6 的工具和命令为设计制作包装的平面图和立体图提供了强有力的支持。使用 CorelDRAW X6 制作的效果图如图 1-17 和图 1-18 所示。

图 1-17　包装设计表现

图 1-18　包装设计表现

8．书籍装帧设计表现

书籍装帧设计在设计领域的应用非常广泛，它集成了 ISBN 生成组件，可以快速地插入条形码，其定位功能使用起来非常简便，使用 CorelDRAW X6 制作的书籍装饰设计如图 1-19 所示。

图 1-19　书籍装帧设计表现

1.1.2　软件的运行环境

- Microsoft Windows 8（32 位或 64 位版本）、Microsoft Windows 7（32 位或 64 位版本）、Windows Vista（32 位或 64 位版本）或 Windows XP（32 位版本），均安装有最新的 Service Pack；
- Intel Pentium 4、AMD Athlon ™ 64 或 AMD Opteron ™；
- 1GB RAM；
- 1.5 GB 硬盘空间（适用于不含内容的典型安装 - 安装期间可能需要额外的磁盘空间）；
- 鼠标或写字板；
- 1024×768 屏幕分辨率；
- DVD 驱动器；
- Microsoft Internet Explorer 7 或更高版本。

1.2　CorelDRAW X6 的安装与卸载

1.2.1　CorelDRAW X6 的安装

1．首先，关闭所有应用程序，包括所有病毒检测程序。将 DVD 放入 DVD 驱动器。运行 CorelDRAW Graphics Suite X6 安装软件，同意软件协议并开始安装 CorelDRAW Graphics Suite X6。

2．单击【下一步】按钮，在【用户名】文本框中键入姓名，按照安装说明输入序列号，选择"I have a serial number"，将序列号填进下方空白框。如果选择试用该软件，选择下方的选项进行安装该软件。

3．选择 CorelDRAW Graphics Suite X6 的安装方式，默认安装或自定义安装，如需要取消部分部件或者改变安装路径，请选择自定义安装。

4．确认后，需要等待一段时间才能完成安装，期间可以欣赏到世界各地的设计师使用 CorelDRAW Graphics Suite 制作的优秀作品，根据提示 CorelDRAW Graphics Suite X6 安装成功。

1.2.2　CorelDRAW X6 的卸载

选择【开始】→【控制面板】→【添加或删除程序】命令，再选择 CorelDRAW X6 程序，单击【删除】命令。

1.3　CorelDRAW X6 中文版的工作界面

CorelDRAW X6 中文版的工作界面主要由【标题栏】、【菜单栏】、【标准工具栏】、【属性栏】、【工具箱】、【标尺】、【工作区】、【绘图页面】、【泊坞窗】、【调色板】、【状态栏】等部分组成，如图 1-20 所示。

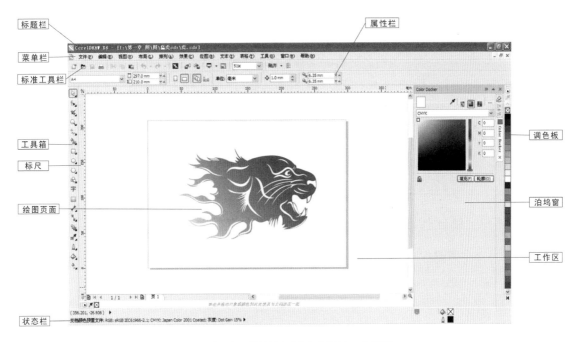

图 1-20　CorelDRAW X6 中文版的工作界面

1.3.1　标题栏

标题栏位于窗口的顶部，显示当前软件的名称、版本号以及正在编辑的文件名，右侧有三个按钮可以切换界面大小及关闭窗口。

1.3.2　菜单栏

菜单栏集合了 CorelDRAW X6 中的所有命令，并将它们分门别类的放置在不同的菜单中，菜单包括【文件】、【编辑】、【视图】、【布局】、【排列】、【效果】、【位图】、【文本】、【表格】、【工具】、【窗口】、【帮助】。

单击菜单按钮都将弹出下拉菜单。例如单击【文件】命令，将弹出【文件】下拉菜单。最左边的为图标，在右边显示的组合键则为操作快捷键。某些命令后面带三角按钮，表明该命令还有下一级菜单，将光标停放其上即可弹出下拉菜单。某些命令后面带…按钮，单击该命令即可呈灰色状，表明该命令当前不可用，需要进行一些相关的操作方可使用。

1.3.3　标准工具栏

标准工具栏提供了最常用的几种操作按钮，CorelDraw X6 的部分操作都可以在工具栏中实现，例如：单击【新建】按钮可以建立一个新文档；单击【打开】按钮可以打开一个已有文件；单击【保存】按钮可以存储文件。CorelDraw X6 在默认状态下所有工具栏都是锁定状态，只有选择【窗口】→【工具栏】→【锁定工具栏】命令，将工具栏解锁之后，才可以将其拖动改变位置。

1.3.4　属性栏

属性栏位于工具箱上方，根据所选工具不同或选择图形不同而变化。显示了绘制图形信息，并且提供修改图形的相关工具。

1.3.5　工具箱

工具箱位于界面的最左侧，包括各种绘图工具和效果工具。在工具箱中，依次分类排放着【选择工具】、【形状工具】、【裁剪工具】、【缩放工具】、【手绘工具】、【智能填充】、【矩形工具】、【椭圆形工具】、【多边形工具】、【基本形工具】、【文本工具】、【表格工具】、【平行度量】、【直线连接器工具】、【调和工具】、【颜色滴管工具】、【轮廓笔工具】、【填充工具】、【交互式工具】，另外，有些工具按钮有小三角标记，代表其还有展开的工具栏，用鼠标单击可以展开。

1.3.6　标尺、辅助线、网格

1．标尺：协助了解图形的当前位置，以便设计作品时确定作品的精确尺寸，选择【视图】→【标尺】命令，可以显示或隐藏标尺。

2．辅助线：将光标移动到水平标尺上按住鼠标左键不放，并向下拖拽光标，在适当的位置松开鼠标左键，可以设置一条水平辅助线。光标放在垂直的标尺上按照同样方法可拖出一条垂直的辅助线。在辅助线上右击，弹出快捷菜单中单击【锁定对象】或【解除锁定对象】。

3．网格：单击【视图】→【网格】命令后有三种网格形式可以选择，分别是【文档网格】、【像素网格】、【基线网格】，单击相应模式生成网格。

1.3.7　工作区

工作区即在区域内进行图形的绘制、填充、修改等工作，是展示绘制工作的主要区域。

1.3.8　绘图页面

绘图页面指绘图窗口中带矩形边缘的区域，只有此区域内的图形才可以被打印出来。

1.3.9　泊坞窗

它的位置在窗口的边缘，是 CorelDRAW X6 中文版中极具特色的窗口，可以灵活组合运用，为用户创作提供了便利的条件。另外，可以对泊坞窗进行个性化摆放，同时展开多个泊坞窗，也可以对泊坞窗进行展开或收起的操作。

1.3.10　调色板

调色板默认位于界面窗口的右侧，用于给图形或图形的轮廓添加颜色。

1.3.11　状态栏

状态栏用来提示当前鼠标所在的位置及图形操作的简要帮助和选取图形的有关提示信息。

1.4　CorelDRAW X6 新增功能

1．定制的色彩和谐

轻松地创建一个富有个性的互补色调色板。新的色彩和谐的工具，从颜色样式泊坞窗访问，结合成一个和谐的色彩风格，让您修改颜色的统称。它还分析色彩和色调，CorelDRAW X6 提供互补色方案的一个伟大的方式，以满足各种客户。此外，您可以创建一种名为渐变的特殊颜色和谐，该和谐包括一种主颜色样式和多个该颜色的渐变色。修改主颜色时，渐变色将按照主颜色改变的同等程度自动调整。这一点在制作同一设计的多种颜色版本时非常重要。

2．Corel CONNECT 中的多个托盘

在 Corel CONNECT 中，现在您可以同时使用多个托盘，这样可以更灵活地组织多个项目的资产。利用托盘您可以从多个文件夹或在线资源中收集内容，且内容可在 CorelDRAW、Corel Photo-Paint 以及 Corel CONNECT 之间共享。

3．创意载体塑造工具

CorelDRAW X6 中介绍了 4 个塑造工具，提供新的创意选项精炼矢量对象，将创造性效果添加到矢量插图。新的【涂抹工具】，可以进行拉动扩展或沿其轮廓的缩进来自由改变对象外形。新的【转动工具】，可以使对象产生漩涡效果。也可以使用新的【吸引工具】和【排斥工具】来吸引或分离曲线上的节点来改变对象的外形。

4．布局工具

使用新增的空 PowerClip 图文框为文本或图形预留位置。可以使用新增的【占位符文本】命令来模拟页面布局，预览文本的显示效果。此外，还可以通过【插入页码】命令轻松添加页码。

5．专业网站设计软件

毫不费力地建立专业外观的网站，设计网页和管理网站内容的 Corel Website Creator。利用网站的向导和模板，拖动和拖放功能和使用 XHTML，CSS，JavaScript 和 XML 的无缝集成，CorelDRAW X6 使网站的设计更容易。

6．位图和矢量图案填充

支持填充为透明背景矢量模式的新功能。我们已经介绍了收集的填充，包括新的位图填充，CorelDRAW X6 为有史以来第一次，矢量模式与透明背景填充。

7．原生 64 位和多核心的支持增强的速度

享受多核处理能力和原生支持 64 位的速度。CorelDRAW X6 让您快速处理更大的文件和图像。另外，同时运行多个应用程序时，将会使系统更加快捷。

1.5　文件的基本操作

1.5.1　新建和打开文件

1．新建文件

从页面新建文件的方法主要有以下 3 种：启动 CorelDRAW 软件后，在【启动欢迎界面】对话框

中单击【新建空白文档】选项；或进入 CorelDRAW 软件的工作界面后，选取菜单栏中的【文件】→【新建】命令，快捷键为 Ctrl+N；或在标准工具栏中单击【新建】按钮。

从模板新建绘图页面的方法有以下两种：启动 CorelDRAW 软件后，在弹出的【启动欢迎界面】对话框中单击【从模板新建】选项，即可打开【从模板新建】对话框。或进入 CorelDRAW 软件的工作界面后，选择【文件】→【从模板新建】命令后也会弹出【从模板新建】对话框。

2．打开文件

打开文件也有 4 种方法：启动 CorelDRAW 后，在弹出的【启动欢迎界面】对话框中单击【打开其他文档】按钮；或进入 CorelDRAW 软件的工作界面后单击菜单栏中的【文件】→【打开】命令，快捷键为 Ctrl+O；或在工具栏中单击【打开】按钮；或直接双击一个 CorelDRAW 文件。

1.5.2　保存和关闭文件

1．保存文件

CorelDRAW X6 提供了多种保存文件的方法供用户选择，这些方法大致可以分为两类。

（1）保存当前文件：选择【文件】→【保存】菜单命令；或使用快捷键 Ctrl+S；或使用 CorelDRAW X6 工具栏中的【保存】按钮。

（2）另存为文件：【另存为】也是保存文件的一种方式，即在对文件保存后，再将其以另一个文件名进行保存，从而起到备份作用。选择菜单【文件】→【另存为】命令，快捷键为 Ctrl+Shift+S。

2．关闭文件

选择要关闭的一个文件，使该文件变为当前文件，再选择【文件】→【关闭】菜单命令，或单击绘图窗口右上角的【关闭】按钮，就可以关闭该文件。如果是多个文件，选择【窗口】→【全部关闭】菜单命令，即可关闭在 CorelDRAW 中的所有文件。

1.5.3　导入和导出文件

1．导入文件

CorelDRAW 是矢量图形绘制软件，使用的是 CDR 格式的文件，因此在 CorelDRAW X6 中，有些文件不能直接打开，比如 PSD、TIF、JPG 和 BMP 等格式的图像文件，所以要编辑或使用其他图像制作软件所制作的素材就要通过导入操作来完成。

2．CorelDRAW 导入

CorelDRAW 导入图片的方法有 3 种，选择【文件】→【导入】命令，其快捷键为 Ctrl+I，选择需要导入的图像，单击鼠标导入图片，图片将保持原来的大小，单击的位置为图片左上角所在的位置；或使用拖拽鼠标的方法导入图片，根据拖动出的矩形框大小重新设置图片的大小；或按键盘上的 Enter 键导入图片，图片将保持原来的大小，且自动与页面居中对齐。

3．导出文件

导出操作步骤如下：打开需要导出的图像，选择【文件】→【导出】命令，其快捷键为 Ctrl+E 或者单击标准工具栏上的导出图标。在【导出】对话框中，先在【保存在】下拉列表框中选择导出文件的保存位置，再在【文件名】文本框中输入图形文件的名称。在【导出】对话框中的【保存类型】下拉列表中选择文件的保存类型。单击【确定】按钮后导出完成。

1.6　页面设置

1.6.1　设置页面大小

设置页面的大小和方向可以通过两种方法来完成，一种是在相应的属性栏中设置，另一种是选择【布局】→【页面设置】→【选项】命令，在弹出的对话框中设置。

1.6.2　设置页面标签

用户可以根据需要选择符合自己需求的标签，也可以对标签进行编辑，从而获得令自己满意的标签。选择【工具】→【选项】→【标签】命令，在弹出的对话框中进行设置。

1.6.3　设置页面背景

在默认的状态中，CorelDRAW 的页面是透明无背景的。用户可以通过【布局】→【页面背景】→【选项】命令将页面设置成纯色或位图背景，改变后的背景能够被打印或输出。

1.6.4　插入、删除与重命名页面

1. 插入页面

执行【布局】→【插入页】命令，在弹出的【插入页】对话框里设置插入的页面数量、位置、页面大小和方向等选项。或在状态栏中单击鼠标右键，弹出快捷菜单，在菜单里选择插入页的命令，即可插入新页面。

2. 删除页面

执行【选择布局】→【删除页面】命令，弹出【删除页面】对话框，在该对话框里可以设置要删除的页面序号，还可以同时删除多个连续的页面。

3. 重命名页面

执行【布局】→【重命名页面】命令，弹出【重命名页面】对话框，在对话框中的页名空白框中输入相应的名称，单击【确定】按钮，即可重命名页面。

1.7　图形和图像的基础知识

1.7.1　位图与矢量图

在计算机图形领域中，根据图形的表示方式不同，图形可以分为两类：矢量图和位图。

1. 矢量图

矢量图是用一系列计算机指令来描绘的图形，它以数学的矢量方式来记录图像内容。

2. 位图

位图是相对于矢量图而言的，又称点阵图。位图可通过扫描、数码相机获得，也可通过如 Photoshop 之类的设计软件生成。

3．矢量图与位图图像的比较

矢量图与分辨率无关，矢量图在放大时，计算机会根据现有的分辨率重新计算出新的图像，因此不会影响它的质量和效果。

位图图像的质量取决于分辨率。一幅位图图像放大几倍后，就会明显地出现"马赛克"现象。

1.7.2　色彩模式

CorelDRAW X6 提供了多种表示颜色的模式。

1．RGB 模式

RGB 是色光的色彩模式，也是最常用的一种颜色表示模式。通过红色、绿色、蓝色三种色光相叠而形成更多的颜色，RGB 模式是加色模式，其每一种颜色的色值都在 0 到 255 之间，当颜色较少时，画面就很暗，而颜色增加后，画面则会变亮。

2．CMYK 模式

一个物体所呈现的颜色是由自然光谱减去被吸收的光线所产生的，CMYK 模式就是依据这一原理而设定的。CMYK 模式代表了印刷上的 4 种油墨色：C 代表青色，M 代表了洋红色，Y 代表黄色，K 代表黑色。CorelDRAW 默认状态下使用的是 CMYK 模式。

3．Lab 模式

Lab 颜色模式是一种国际色彩标准模式，它是一种多通道的颜色模式，分别由一个亮度分量 L 及两个色彩分量 a 和 b 来表示颜色。图像的处理速度比 CMYK 模式下快数倍，而且在把 Lab 模式转成 CMYK 模式过程中，所有的色彩不会丢失或被替换。

4．HSB 模式

HSB 是色相、饱和度与明亮度的缩写。该模式是基于人眼对颜色的感觉而发生作用，在 HSB 模式中，H 表示色相，S 表示饱和度，B 表示亮度（或称明度）。

5．灰度模式

灰度模式形成的灰度图又叫 8bit 深度图。当彩色文件转换成灰度模式文件时，所有的颜色信息都从文件中丢失。灰度模式的图像只有明暗值，没有色相和饱和度这两种颜色信息。

1.7.3　文件格式

1．CDR 格式

CorelDRAW 的文件格式为 CDR 格式，且只能是在 CorelDRAW 中打开，而不能在其他图像编辑软件中直接打开。

2．AI 格式

AI 是矢量图片格式，是 Adobe 公司的软件 Illustrator 的专用格式。它的兼容性很高，可以在 CorelDRAW 中打开，CorelDRAW 的文件也可以导出为 AI 格式。

3．JPEG 格式

JPEG 格式通常简称 JPG，是目前网络上最流行的图像格式，是一种有损压缩格式，能够将图像压缩在很小的储存空间，图像中重复或不重要的资料会被丢失，因此容易造成图像数据的损伤。

4．BMP 格式

BMP 格式是一种标准的点阵式图像文件格式，它支持 RGB、索引色、灰度和位图色彩模式，但不支持 Alpha 通道。

5．TIFF 格式

TIFF 是一种比较灵活的图像格式，它的全称是 Tagged Image File Format，文件扩展名为 TIF 或 TIFF，具有图形格式复杂、存贮信息多等特点，可在多个图像软件之间进行数据交换。支持 24 个通道，能存储多于 4 个通道的文件格式。3ds、3ds Max 中的大量贴图就是 TIFF 格式的。TIFF 最大色深为 32bit，可采用 LZW 无损压缩方案存储。TIFF 图像文件格式非常适合于印刷和输出。

1.8 视图显示管理

1.8.1 视图显示质量

用户可在【视图】菜单中选择不同的显示模式。

【简单线框】模式：这种模式只显示图形对象的轮廓，不显示绘图中的填充、立体化和调和等操作效果。此外，它还可显示单色的位图图像。

【线框】模式：这种模式只显示单色位图图像、立体透视图和形状等，而不显示填充效果。

【草稿】模式：这种模式可以显示标准的填充和低分辨率的视图。同时在此模式中，利用特定的样式来说明所填充的内容。如平行线表明是位图填充，双向箭头表明是全色填充。

【正常】模式：这种模式可以显示 PostScript 填充外的所有填充以及高分辨率的位图图像。它是最常用的显示模式。

【增强】模式：这种模式可以显示最好的图形质量，它在屏幕上提供了最接近实际的质量和最接近图形显示效果。

【像素】模式：这种模式使图像的色彩表现更加丰富，但放大到一定程度会出现失真现象。

1.8.2 缩放视图

缩放视图主要有两种方法，即使用工具栏中的缩放级别下拉列表和缩放工具。

1．使用工具栏控制视图显示比例

在标准工具栏中的缩放级别下拉列表中显示的数值为 100%，即绘图区以原大小显示。如果要放大或缩小显示页面，可以从此下拉列表中选择缩放级别，也可直接在缩放级别下拉列表框中输入缩放的数值。

2．使用缩放工具

单击【缩放工具】按钮，其快捷键为 Z，可以放大视图，单击属性栏【缩小】按钮，其快捷键为 F3，可以缩小视图。

1.9 帮助的使用

【帮助】提供了关于该应用程序中产品功能的全面信息。单击【帮助】→【帮助主题】→【目录】可以在整个主题列表中浏览，单击【帮助】→【帮助主题】→【索引】可查找工具和主题，或搜索特定词语。将指针放在图标、按钮和其他用户界面元素上时，工具提示可提供有关应用程序控件的帮助信息。单击【帮助】→【帮助主题】→【搜索】，允许在整个【帮助】文本中搜索某个单词或词组。

1.10　本章小结

　　本章主要介绍了 CorelDRAW X6 的基本概念和基本操作方法、安装与卸载、工作界面和新增功能、文件的基本操作、图形和图像的基础知识以及视图显示管理。通过本章的学习，读者可以初步认识和使用 CorelDRAW 软件，并为以后的创作奠定基础。

1.11　思考与练习

一、填空题

　　1. CorelDRAW X6 是由 Corel 公司推出的一个集 _____、文字编辑、_____、输出于一体的大型矢量图形制作工具软件。

　　2. 新建文件方法有两类：从 _____ 新建和从模板新建。

　　3. 在计算机图形领域中，根据图形的表示方式不同，图形可以分为两类：矢量图和 _____。

　　4. CorelDRAW 的文件格式为 _____ 格式，且只能是在 CorelDRAW 中打开，而不能在其他程序中直接打开。

二、选择题

　　1. 另存为文件的快捷键是（　　）。

　　　　A．Ctrl+S　　　　　　　　B．Ctrl+Shift+S　　　　C．Ctrl+E

　　2. 位图图像的质量取决于（　　）。一幅位图图像放大几倍后，就会明显地出现"马赛克"现象。

　　　　A．图像尺寸大小　　　　B．图像的格式　　　　　C．分辨率

　　3. 用户可在【视图】菜单中选择不同的显示模式。（　　）模式只显示图形对象的轮廓，不显示绘图中的填充、立体化和调和等操作效果。此外，它还可显示单色的位图图像。

　　　　A．增强模式　　　　　　B．简单线框模式　　　　C．像素模式

　　4. 缩小视图的快捷键是（　　）。

　　　　A．F3　　　　　　　　　B．F4　　　　　　　　　C．F5

三、思考题

　　导入图片的方法有哪几种?

第 2 章　绘制和编辑图形

教学目标：

在 CorelDRAW 中掌握绘制矩形、椭圆、圆、圆弧、多边形和星形等图形的基本图形工具以及对象的编辑、复制、镜像、旋转等功能，本章主要学习简单图形的绘制以及编辑图形相关工具的属性设置方法和操作技巧。

重点难点：

1. 掌握基本图形的相关工具，特别是【矩形工具】□、【椭圆形工具】○、【螺纹工具】◎等工具。
2. 掌握编辑图形的技巧及方法，熟练掌握【变换】面板的应用。

2.1　相关知识

图形可以分解成多个基本的图形，例如圆形、方形等，因此本节中主要讲解绘制基本工具组，熟练运用相关工具奠定创作的基础。

2.1.1　绘制几何图形

1. 绘制矩形

（1）【矩形工具】□

使用【矩形工具】□绘制矩形就是通过确定矩形两个对角点的方式来决定矩形的大小和位置。通过快捷键 F6 建立矩形，鼠标变成十字光标，单击鼠标左键拖拽可以创建矩形。也可通过右击弹出快捷菜单，选择【创建对象】→【矩形】命令，单击鼠标左键拖拽创建矩形。按住 Ctrl 键同时单击鼠标左键，拖拽创建正方形。按住 Shift 键从中心创建矩形。按住快捷键 Ctrl+Shift，单击鼠标左键，从中心创建正方形。双击【矩形工具】□图标，创建与纸张大小一致的矩形。

（2）【3 点矩形工具】▭

其主要用于绘制倾斜的矩形图形，通过确定矩形同一边上两个角点，及与此边平行的边上的任意一点的位置来确定矩形的大小和位置。

2．绘制椭圆和圆形

（1）【椭圆形工具】◎

单击工具箱中的【椭圆形工具】按钮◎，单击鼠标左键拖拽即可绘制出任意大小的椭圆，快捷键为 F7。绘制正圆，其方法与绘制正方形的方法相似，绘制时只要按住 Ctrl 键即可。如果按住快捷键 Ctrl+Shift 的同时单击鼠标拖拽，则可以绘制出以起点为中心向外扩展的正圆。

（2）【3 点椭圆形工具】◎

使用【3 点椭圆形工具】◎绘制椭圆，就是通过拖动鼠标的方法确定椭圆其中一个轴的长度和方向，然后在轴任意一侧单击鼠标确定另一个轴的长度。

3．绘制多边形◎

单击工具箱中的【多边形工具】◎，在绘图区中单击鼠标左键并拖动，即可绘制出默认设置下的五边形。快捷键为 Y，单击鼠标左键创建。

4．绘制星形◎和复杂星形◎

（1）【星形工具】◎

使用【星形工具】◎也可以快速地绘制星形，在多边形的基础上创建，按住 Ctrl 键，单击鼠标左键创建正五角星形，在属性栏里增加或减少角的个数和锐角度数参数，变换星形形状。按住 Shift 键从中心创建星形。按住快捷键 Ctrl +Shift，单击鼠标左键从中心创建正五角星。

（2）【复杂星形工具】◎

【复杂星形工具】◎，在属性栏里可以设置【点数和边数】、【锐度】等数值，可以创建多种复杂的星形。

5．绘制螺纹◎

使用【螺纹工具】◎可以绘制两种不同的螺旋形，即对称式螺纹与对数式螺纹。对称式螺旋是由许多圈曲线环绕形成的，且每一圈螺旋的间距都是相等的。单击工具箱中的【螺纹工具】◎按钮，在属性栏中单击【对称式螺纹】按钮，将鼠标指针移至绘图区，按住鼠标左键拖动，即可绘制出对称式的螺旋形图形。对数式纹与对称式螺纹相同，都是由许多圈的曲线环绕形成的，但对数式螺纹的间距可以等量增加。要绘制对数式螺旋图形，可单击螺旋工具属性栏中的【对数式螺纹】按钮，将鼠标指针移至绘图区，按住鼠标左键并拖动，即可绘制出对数式螺旋。

6．绘制图纸◎

单击【绘制图纸】按钮◎，只要按住 Ctrl 键同时按住鼠标左键并拖动，可以绘制正网格图形。按住 Shift 键可以从中心绘制网格。如果按住快捷键 Ctrl+Shift 的同时拖动鼠标绘制，则可以绘制出以起点为中心向外扩展的正网格图形。

7．绘制表格◎

选择【表格工具】按钮◎，在绘图页面中按住鼠标左键不放，从左上角向右下角拖拽光标到需要的位置，松开鼠标左键，表格绘制完成，在属性栏里可以设置表格格式，选择设置表格背景色，表格边框的粗细、颜色。

8．绘制基本形状◎

选择【基本形工具】◎，在属性栏里选择相应的形状，按住鼠标左键不放，拖拽光标到需要的位置，松开鼠标左键，基本形状绘制完成。

2.1.2　编辑对象

1．对象的选取

使用【选择工具】选择对象，挑选工具用于选择一个或多个需要编辑的对象。其方法有两种：即单击选取和拖动鼠标选取。单击之后会显示相应的属性。创建图形时选取对象，当使用椭圆工具、多边形工具以及其他一些基本的绘图工具绘制对象时，系统会自动将所绘对象选择。使用菜单命令选取对象，执行菜单中的【编辑】→【全选】命令下的子菜单命令，可以一次性选择当前绘图页面中的所有对象。

2．对象的缩放

在 CorelDRAW 中可以通过两种方法缩放对象：一种是使用鼠标操作；另一种是通过【变换泊坞窗】设置数值进行精确缩放。

3．对象的移动

在编辑图形对象的过程中，如果要改变对象的位置，可通过两种方法来完成，即直接使用鼠标移动对象，或通过变换泊坞窗精确地移动对象。

4．对象的镜像

简单的镜像变换：按住 Ctrl 键可以将对象从一个左（上、边角）侧或右（下、另一边角）侧拖动到另一个左（上、边角）侧或右（下、另一边角）侧。对象的自由镜像变换：利用【自由变换工具】属性栏上的【自由角度镜像工具】按钮。对象的精确镜像变换：单击属性栏中水平或者垂直镜像按钮。或单击【排列】→【变换】→【缩放与镜像】命令。在【变换】泊坞窗中选取 9 个控制按钮中的一个按钮，单击设定锚点和副本数量。

5．对象的旋转

在 CorelDRAW 中可以通过两种方法旋转对象：一种是使用鼠标旋转，单击工具箱中的【自由变换工具】；另一种是通过【旋转泊坞窗】设置输入需要旋转的角度数值进行精确旋转。

6．对象的倾斜变形

在 CorelDRAW 中同样可以通过两种方法倾斜对象：一种是使用鼠标操作；另一种是通过【变换泊坞窗】设置数值进行精确操作。

7．对象的复制

选择菜单栏中的【编辑】→【复制】命令；单击标准工具栏中的【复制】按钮；按快捷键 Ctrl+C。

8．对象的删除

选择某个对象后，选择菜单中的【编辑】→【删除】命令，或按 Delete 键即可。

2.2　课堂案例

2.2.1　案例：蝴蝶

知识点提示：本案例中主要使用【选择工具】、【椭圆形工具】、【螺纹工具】等相关知识绘制。

1. 案例效果

案例效果如图 2-1 所示。

图 2-1　蝴蝶案例效果

2. 案例制作流程

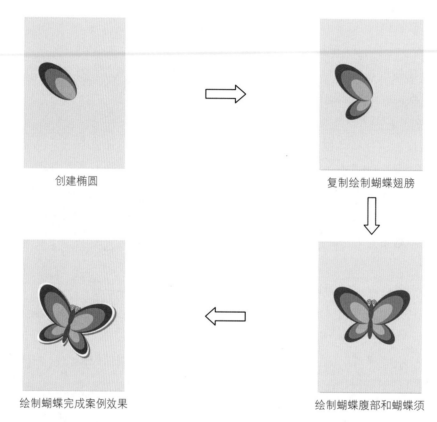

创建椭圆　　　　　　　　　　　　　　　复制绘制蝴蝶翅膀

绘制蝴蝶完成案例效果　　　　　　　　　绘制蝴蝶腹部和蝴蝶须

3. 案例操作步骤

（1）在 CorelDRAW 中新建一个 A4 页面，名称为"蝴蝶"的文档，如图 2-2 所示。改变页面背景颜色，选择【布局】→【页面背景】→【选项】命令。选择纯色 10% 黑，如图 2-3 所示。

图 2-2　创建文档

图 2-3　设置背景色

（2）选择【椭圆工具】 ⊙ ，绘制一个椭圆形，选择【窗口】→【泊坞窗】→【彩色】命令，设置颜色 CMYK 数值为：0、100、60、0，单击填充按钮填充颜色，如图 2-4 所示。在右侧调色板⊠处右击，如图 2-5 所示，去除轮廓线，如图 2-6 所示。

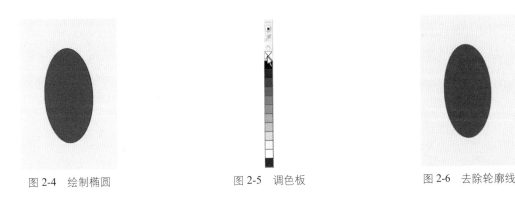

图 2-4　绘制椭圆　　　　　　　图 2-5　调色板　　　　　　　图 2-6　去除轮廓线

（3）空格切换到【选择工具】 ⬚ ，选择椭圆，按快捷键 Ctrl+D 复制椭圆，点选复制的椭圆，调整大小填充颜色，设置颜色 CMYK 数值为：0、65、35、0，放在合适位置。如图 2-7 所示。按快捷键 Ctrl+D 复制一个椭圆，调整大小填充颜色，设置颜色 CMYK 数值为：0、33、14、0，如图 2-8 所示。选择三个椭圆，按快捷键 Ctrl+G 成组。利用空格键切换到【选择工具】 ⬚ ，再次用鼠标左键单击中心标记，变换成旋转状态，调整一定角度，按快捷键 Ctrl+D 复制下半部翅膀，按快捷键 Ctrl+PgDn 下移一层，调整大小及角度，如图 2-9 所示。

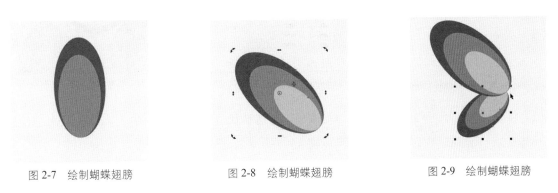

图 2-7　绘制蝴蝶翅膀　　　　　图 2-8　绘制蝴蝶翅膀　　　　　图 2-9　绘制蝴蝶翅膀

（4）绘制蝴蝶腹部，选择【椭圆工具】 ⊙ ，绘制一个椭圆，填充颜色，设置颜色 CMYK 数值为：0、40、0、60，在右侧调色板⊠处单击鼠标右键去除轮廓线，如图 2-10 所示。按快捷键 Ctrl+D 复制一个椭圆，调整大小到合适位置。选择腹部的两个椭圆按快捷键 Ctrl+G 成组。如图 2-11 所示。

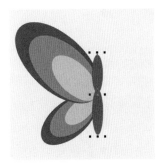

图 2-10　绘制蝴蝶腹部　　　　　　　　　　图 2-11　绘制蝴蝶腹部

（5）使用【选择工具】 ⬚ 拖动鼠标选取上下两组翅膀按快捷键 Ctrl+G 成组，选择【排列】→【变换】→【缩放与镜像】命令，在【变换】泊坞窗里，单击水平镜像按钮，镜像的参照点选择居右，副本选择 1，单击【应用】进行复制并镜像，如图 2-12 所示，最终镜像并复制的效果如图 2-13 所示。

图 2-12　镜像蝴蝶翅膀　　　　　　　　　　　　　　图 2-13　镜像蝴蝶翅膀

（6）绘制蝴蝶触角，使用【螺纹工具】 ，调整属性栏参数螺纹回纹 2 圈，选择对称式螺纹模式 ，单击【选择工具】 ，通过拖拽控制点使螺纹翻转并旋转一定角度，如图 2-14 所示。选择工具箱【轮廓笔】按钮 ，执行【轮廓笔】命令，改变线条宽度为 0.75mm，【线条端头】改成圆头，如图 2-15 所示和图 2-16 所示。

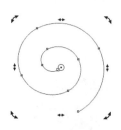

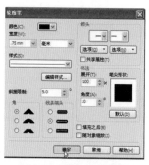

图 2-14　绘制螺纹线　　　　　　　图 2-15　设置曲线参数　　　　　　图 2-16　完成蝴蝶须

（7）按快捷键 Ctrl+D 复制另一个蝴蝶触角，在选择触角的状态下，单击属性栏【水平镜像】按钮 ，镜像另一侧的触角。选择蝴蝶按快捷键 Ctrl+G 成组，如图 2-17 所示，按快捷键 Ctrl+D 复制一个蝴蝶，选择属性栏【合并】 图形。如图 2-18 所示。

图 2-17　完成蝴蝶须　　　　　　　图 2-18　合并和复制蝴蝶　　　　　　图 2-19　绘制圆形

（8）选择【椭圆工具】 ，按住 Ctrl 键同时，拖拽光标绘制一个圆形，单击调色板白色色块填充白色，去除轮廓线，如图 2-19 所示。按快捷键 Ctrl+D 复制一个圆形，选择蝴蝶和两个圆形，选择属性栏【合并】 图形。单击调色板白色色块填充白色，如图 2-20 所示。右击【顺序】→【如置于此对象后】命令，把白色蝴蝶副本放在蝴蝶下面。

（9）按快捷键 Ctrl+D 复制一个白色蝴蝶，填充灰色，设置颜色 CMYK 数值为：0、0、0、60。右击【顺序】→【如置于此对象后】命令，把灰色蝴蝶副本放在白色副本下面，如图 2-21 所示。

（10）使用【选择工具】拖动鼠标选取整个蝴蝶，旋转一定角度，如图 2-22 所示。

图 2-20　合并蝴蝶

图 2-21　绘制蝴蝶背衬

图 2-22　完成案例

2.2.2　案例：棒棒糖

知识点提示：本案例中主要使用【矩形工具】、【椭圆形工具】、【螺纹工具】等相关知识绘制。

1．案例效果

案例效果如图 2-23 所示。

图 2-23　棒棒糖案例效果

2．案例制作流程

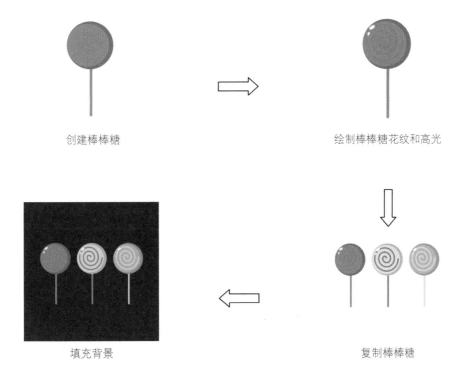

创建棒棒糖

绘制棒棒糖花纹和高光

填充背景

复制棒棒糖

3．案例操作步骤

（1）执行【文件】→【新建】命令，新建一个名称为"棒棒糖"，宽为 280mm、高为 280mm 的正方形文档，如图 2-24 所示。

（2）选择【椭圆形工具】按钮◯，按住 Ctrl 键的同时，在页面中适当的位置拖拽光标绘制圆形，并添充颜色，设置颜色 CMYK 数值为：88、45、20、1，去除轮廓线，如图 2-25 所示。按快捷键 Ctrl+D 复制一个圆，调整大小及位置，填充颜色，设置颜色 CMYK 数值为：76、27、0、0，如图 2-26 所示。选择两个圆按快捷键 Ctrl+G 成组。

图 2-24　创建文档

图 2-25　绘制圆形

图 2-26　复制圆形并填充颜色

（3）选择【矩形工具】按钮▢绘制矩形，调整大小及位置，单击鼠标右键执行【顺序】→【置于此对象后】命令。如图 2-27 所示。在属性栏里设置圆角类型，圆角半径为 10mm，如图 2-28 所示。填充颜色，CMYK 数值为：5、58、96、0。去除轮廓线，如图 2-29 所示。

图 2-27　绘制棒棒糖杆

图 2-28　绘制圆角矩形

图 2-29　填充颜色

（4）使用【螺纹工具】◉，调整属性栏参数，调整大小及位置，如图 2-30 所示。选择工具箱【轮廓笔】◈→【轮廓笔】面板，如图 2-31 所示，改变颜色，选择颜色旁三角弹出【选择颜色】面板，填充颜色 CMYK 数值为：5、58、96、0。如图 2-32 所示，线条宽度为 4mm，线条端头改成圆头，如图 2-33 所示。设置完参数效果如图 2-34 所示。

图 2-30　绘制螺纹

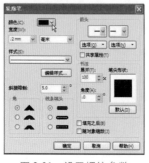
图 2-31　设置螺纹参数

图 2-32　设置螺纹颜色

图 2-33　设置螺纹参数

图 2-34　螺纹最终效果

（5）绘制高光，选择【椭圆形工具】按钮◎按钮绘制椭圆形，并填充白色，设置颜色，CMYK 数值为：255、255、255、255，去除轮廓线，按快捷键 Ctrl+D 复制一个椭圆，调整大小及位置，如图 2-35 所示。选择整个棒棒糖按快捷键 Ctrl+G 成组。

（6）复制两个棒棒糖，改变颜色设置，第二个黄色棒棒糖亮部颜色 CMYK 数值为：0、29、96、0；暗部颜色 CMYK 数值为：0、0、100、0；棒棒糖螺纹和杆的 CMYK 数值为：2、70、0、0。第三个绿色棒棒糖亮部颜色 CMYK 数值为：67、0、100、0；暗部颜色 CMYK 数值为：40、0、100、0；棒棒糖螺纹和杆的 CMYK 数值为：0、0、100、0。如图 2-36 所示。

图 2-35　绘制高光

图 2-36　复制棒棒糖

（7）双击工具箱【矩形工具】按钮▣，在绘图页面内创建一个与页面大小一致的矩形，填充颜色 CMYK 数值为：87、70、100、62，去除轮廓线，效果如图 2-37 所示。

图 2-37　设置棒棒糖底色

2.2.3　案例：信纸

知识点提示：本案例中主要使用【椭圆形工具】◎、【复杂星形工具】✿、【矩形工具】▣、【轮廓笔工具】✎、【基本形工具】▱等相关知识绘制。

1．案例效果

案例效果如图 2-38 所示。

图 2-38　信纸案例效果

2．案例制作流程

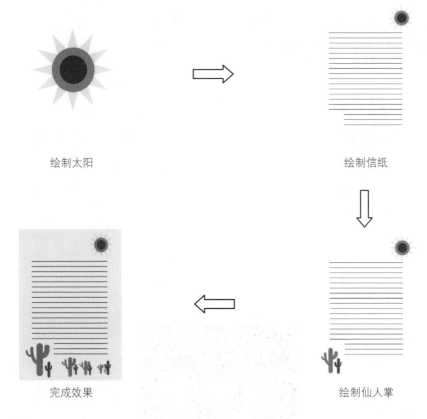

绘制太阳

绘制信纸

完成效果

绘制仙人掌

3．案例操作步骤

（1）执行【文件】→【新建】命令，新建一个 A4 页面，名称为"信纸"的文档，如图 2-39 所示。选择【椭圆形工具】按钮，按住 Ctrl 键同时拖拽光标绘制圆形，并填充颜色，设置颜色 CMYK 数值为：0、69、82、0，去除轮廓线，如图 2-40 所示。按快捷键 Ctrl+D 复制一个圆形，调整大小及位置，设置颜色，CMYK 数值为：13、100、100、0，如图 2-41 所示。

（2）选择【复杂星形工具】按钮绘制星形，点数或变数设置为 8，锐度为 4，，设置颜色 CMYK 数值为：0、0、93、0，如图 2-42 所示。单击鼠标右键执行【顺序】→【置于此对象后】命令，如图 2-43 所示。

图 2-39　建立文档

图 2-40 填充颜色

图 2-41 复制圆

图 2-42 绘制复杂星形

图 2-43 绘制太阳

（3）选择【矩形工具】按钮□绘制矩形，调整大小及位置，如图 2-44 所示。在变换面板中设置 y 轴为 -10mm，x 轴为 0mm，副本为 18，单击【应用】按钮，如图 2-45 和图 2-46 所示。调整最后三条线，缩小宽度，如图 2-47 所示。

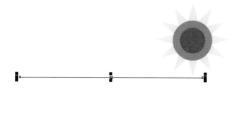

图 2-44 绘制矩形

图 2-45 设置复制选项

图 2-46 绘制信纸线条

图 2-47 绘制信纸线条

（4）选择【矩形工具】按钮□，调整圆角半径为 10mm，绘制矩形，调整大小及位置，填充颜色设置颜色 CMYK 数值为：83、17、100、0，去除轮廓线，如图 2-48 所示。

（5）选择【椭圆形工具】按钮○绘制圆形，在属性栏中选择弧按钮 ○，设置结束角度为 120

度 ，画一条弧线，如图 2-49 所示。选择【轮廓笔工具】，修改轮廓线，在面板中设置颜色 CMYK 数值为：83、17、100、0，宽度为 6mm，线条端头选圆头，勾选【填充之后】和【随对象缩放】，如图 2-50 和图 2-51 所示。按快捷键 Ctrl+D 复制多个弧形，调整角度及大小。如图 2-52 所示。

图 2-48　绘制矩形

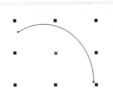
图 2-49　绘制弧线

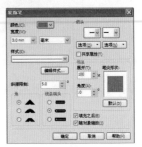
图 2-50　设置参数

图 2-51　绘制弧形

图 2-52　复制多个弧形

（6）按快捷键 Ctrl+D 复制一个仙人掌，调整大小，改变颜色，颜色 CMYK 数值为：93、47、100、13，如图 2-53 所示。复制多个仙人掌如图 2-54 所示。

图 2-53　复绘制仙人掌

图 2-54　复制多个仙人掌

（7）双击【矩形工具】按钮，创建与页面等大的矩形，填充颜色 CMYK 数值为：2、0、41、0，如图 2-55 所示。

图 2-55　填充背景色

2.2.4 案例: 小熊钥匙扣

知识点提示: 本案例中主要使用【椭圆形工具】 ◎ 、【复杂星形工具】 ✿ 、【矩形工具】 ▢ 、【轮廓笔工具】 △ 等相关知识绘制。

1. 案例效果

案例效果如图 2-56 所示。

图 2-56 小熊钥匙扣

2. 案例制作流程

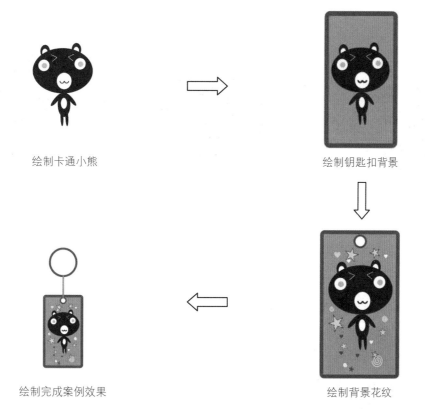

绘制卡通小熊 绘制钥匙扣背景

绘制完成案例效果 绘制背景花纹

3. 案例操作步骤

(1) 执行【文件】→【新建】命令,创建一个 A4 页面,新建一个名称为"小熊钥匙扣"的文档,如图 2-57 所示。

(2) 选择【椭圆形工具】按钮◎绘制椭圆形,填充黑色,椭圆大小宽为 64mm、高为 47mm,CMYK 数值为: 0、0、0、100,如图 2-58 所示。绘制眼睛,选择【椭圆形工具】按钮◎,按住 Ctrl 键同时拖拽光标绘制圆形,填充白色,CMYK 数值为: 0、0、0、0,去除轮廓线。复制一个圆,填充粉色,

CMYK 数值为：0、40、20、0，如图 2-59 所示。

图 2-57　建立文档　　　　　　图 2-58　绘制小熊头部　　　　　　图 2-59　绘制小熊眼睛

　　（3）绘制眉毛，选择【矩形工具】按钮，调整圆角半径为 10mm，绘制矩形，调整大小及位置，填充颜色设置白色，CMYK 数值为：0、0、0、0，如图 2-60 所示。绘制耳朵，选择【椭圆形工具】按钮绘制椭圆形填充黑色，复制椭圆填充白色。复制另一组耳朵，如图 2-61 所示。

　　（4）绘制身体，选择【椭圆形工具】按钮绘制椭圆形，去除轮廓线，复制一个椭圆做为身体，复制椭圆填充白色，作为肚皮，执行快捷键 Ctrl+D 复制命令，复制 4 个椭圆，调整大小作为小熊的四肢，如图 2-62 所示。

图 2-60　绘制小熊眉毛　　　　　图 2-61　绘制小熊耳朵　　　　　图 2-62　绘制小熊身体

　　（5）绘制嘴巴，选择【椭圆形工具】按钮，拖拽光标绘制椭圆形，填充白色，如图 2-63 所示。再次拖拽光标绘制椭圆形，轮廓线为黑色，轮廓宽度为 1.5mm，复制一个椭圆形，如图 2-64 所示。选择【矩形工具】按钮，绘制白色矩形放在圆形黑色圆形上，如图 2-65 所示。绘制完成效果如图 2-66 所示。

图 2-63　绘制小熊嘴巴　　　　　　　　　　　图 2-64　绘制小熊嘴巴

　　（6）选择【矩形工具】按钮，矩形宽为 76mm、高为 138mm，调整圆角半径为 3.5mm，绘制矩形，轮廓宽度为 5mm，内部填充蓝色，CMYK 数值为：100、0、0、0。轮廓线 CMYK 数值为：73、65、64、19，如图 2-67 所示。选择【椭圆形工具】按钮，按住 Ctrl 键同时拖拽光标绘制圆形，轮廓线为灰色，CMYK 数值为：73、65、64、19，轮廓宽度为 2.5mm，如图 2-68 所示。

图 2-65　绘制小熊嘴巴

图 2-66　绘制完成效果

图 2-67　绘制背景

图 2-68　绘制背景

（7）使用【螺纹工具】◎绘制多个螺纹，如图 2-69 所示。选择工具箱【轮廓笔】按钮 🖊，打开【轮廓笔】面板，改变颜色为白色，设置轮廓宽度为 0.75mm，如图 2-70 和图 2-71 所示。按快捷键 Ctrl+D 复制多个螺纹，调整大小及位置，如图 2-72 所示。

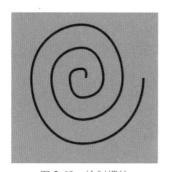

图 2-69　绘制螺纹

图 2-70　设置参数

图 2-71　绘制螺纹

图 2-72　复制螺纹

（8）选择【星形工具】按钮 ☆，绘制五角星。单击调色板黄色色块，填充黄色，如图 2-73 所示。

虚线边的五角星选择工具箱【轮廓笔】按钮 ，打开【轮廓笔】面板，改变颜色为洋红色块，宽度为0.5mm，样式选择虚线样式，勾选填充之后和随对象缩放，如图2-74和图2-75所示，按快捷键Ctrl+D复制多个五角星，调整大小及位置，如图2-76所示。

图 2-73　绘制五角星

图 2-74　设置参数

图 2-75　绘制虚线边五角星

图 2-76　绘制五角星

（9）选择【基本形工具】按钮 ，在属性栏里【完美形状】选择心形，如图2-77所示，在绘图页面合适的位置绘制心形，单击调色板中粉红色色块，如图2-78所示。右击调色板 ⊠ 去除轮廓线，如图2-79所示，按快捷键Ctrl+D复制多个心形，调整大小及位置，选择其中几个心形单击调色板白色色块填充白色，如图2-80所示。

图 2-77　绘制心形

图 2-78　填充颜色

图 2-79　去除轮廓线

图 2-80　绘制背景

（10）绘制钥匙扣，选择【椭圆形工具】按钮◎绘制圆形，轮廓线为灰色，CMYK 数值为：73、65、64、19，轮廓宽度为 4mm，选择【矩形工具】按钮□，绘制矩形，填充灰色，CMYK 数值为：0、0、0、50，如图 2-81 所示。

图 2-81　绘制完成效果

2.3　本章小结

结合实例了解创建图形的一些基本操作，以及有关对象的一些基本操作，如选择、变换、复制、删除等进行了详细的讲解，通过本章的学习，用户加深了创建基本图形的认识，提高了对图形的一些基本操作。

2.4　拓展练习

综合运用椭圆、矩形等绘制图形的工具绘制一幅插画，效果如图 2-82 所示。

图 2-82　绘制完成效果

2.5　思考与练习

一、填空题

1．CorelDRAW X6 中提供了两种绘制矩形的工具，即矩形工具和_____。

2．如果按住 Ctrl+_____ 快捷键的同时拖动鼠标绘制，则可以绘制出以起点为中心向外扩展的正圆。

3．使用【螺纹工具】◎可以绘制两种不同的螺旋形，即对称式螺纹与_____。

4．切换到【多边形工具】◎，快捷键是_____。

二、选择题

1．群组的快捷键是（　　　）。

    A．Ctrl+B　　　　　　　B．Ctrl+D　　　　　　　C．Ctrl+G

2．对象的复制快捷键是（　　　）。

    A．Ctrl+B　　　　　　　B．Ctrl+D　　　　　　　C．Ctrl+G

3．使用【矩形工具】◻绘制正方形需要结合（　　　）键。

    A．Ctrl　　　　　　　　B．Tab　　　　　　　　C．Alt

4．使用【星形工具】☒ 也可以快速地绘制星形，在多边形的基础上创建，在（　　　）里增加或减少角的个数和锐角度数参数，可变换为星形形状。

    A．泊坞窗　　　　　　　B．状态栏　　　　　　　C．属性栏

三、思考题

如何绘制信纸上的线条？

第3章 绘制和编辑曲线

教学目标：

通过学习如何绘制和编辑曲线，简单图形的绘制，可以帮助读者进一步理解和掌握CorelDRAW X6 的相关工具的属性设置方法和操作技巧，绘制出更复杂、更精美的作品。

重点难点：

掌握绘制和编辑曲线对象的方法和技巧。

3.1 相关知识

3.1.1 绘制线段及曲线

1. 手绘工具

选择工具箱中的【手绘工具】，快捷键为 F5，按住 Ctrl 键，所绘制的直线为水平和垂直及 15 度倍数的直线。单击工具箱中【手绘工具】，在页面上单击鼠标确定起点，然后确定第二点后双击鼠标，再次拖动鼠标，选择第三点，依次绘制即可绘制多边形。使用手绘工具单击一点并拖动到任意一个方向，便可绘制曲线。

2. 贝塞尔工具

可以绘制不规则的曲线及图形对象，允许用户通过鼠标依次定位每个节点来绘制直线和曲线。选择【贝塞尔工具】按钮，在绘图区单击一点确定起点并拖动，双击可结束曲线绘制。单击【贝塞尔工具】，单击一点作为起点，然后拖动鼠标到另一点单击，连续单击多次最后返回到起始节点得到一个封闭的多边形图形。如果对图形不满意，可用【形状工具】进行调整。

3. 艺术笔工具

可以绘制各种类似画笔线条的封闭曲线，【艺术笔工具】有五种可选模式：预设、笔刷、喷涂、书法、压力。选择相应的艺术笔模式可以绘制出不同的艺术效果。

4．钢笔工具

利用【钢笔工具】绘制直线，在绘图区内单击鼠标左键，确定一个节点，然后拖拽鼠标到另一点，双击即可。利用【钢笔工具】绘制曲线，在绘图区内适当的位置单击确定起点，然后拖动鼠标到曲线的另一点，单击并按下鼠标左键向所需的方向拖动。利用【钢笔工具】绘制图形，在绘图区内适当的位置单击确定起点，然后拖动鼠标到第二点外单击，重复上述操作，直到返回到起点。

5．3点曲线工具

【3点曲线工具】可以通过三点来绘制一条曲线，先确定曲线的两个端点，然后再根据曲线弯曲方向单击第3点，即可确定一条曲线。

6．折线工具

选择【折线工具】，在绘图页面中单击鼠标左键以确定直线起点，拖拽鼠标光标到需要位置，再单击鼠标左键以确定直线的终点，绘制出一段直线。再单击鼠标左键确定下一个节点，就可以绘制出折线的效果。如果单击鼠标左键并确定节点后，按住鼠标左键不放并拖拽光标，可以继续绘制出手绘效果的曲线。

7．2点线工具

连接起点和终点绘制一条直线，选择【2点线工具】按钮，在绘图页面中单击鼠标左键以确定直线起点，拖拽鼠标光标到需要位置。

8．B样条工具

【B样条工具】可以通过设置不同的分割线来描述曲线的控制点以绘制曲线。选择【B样条工具】，在绘图页面中单击鼠标左键以确定起点，拖拽鼠标光标到需要位置，再单击鼠标左键以确定第二个点，再继续单击鼠标左键确定下一个节点，就可以绘制出曲线的效果。

9．智能绘图

选择【智能绘图】按钮，在绘图页面中单击鼠标左键以确定起点，拖拽鼠标光标到需要位置确定终点，可以绘制直线或曲线多边形，软件可以根据所绘图形自动智能识别相应形状。

3.1.2　编辑曲线对象

1．添加节点和删除节点

单击属性栏上【添加节点】按钮可以添加节点。也可以选择形状工具按钮在曲线增加节点的地方双击增加节点。

单击属性栏上【删除节点】按钮可以删除节点。也可以选择形状工具按钮在曲线增加节点的地方双击删除节点。

2．节点的类型

【尖突节点】通过将节点转换成尖突节点，在曲线中创建一个锐角，尖突节点的两端的调节杆是各自独立的，调节一个另一个不会受影响。

【平滑节点】通过将节点转换成平滑节点来提高曲线的平滑度。平滑节点两端的调节杆是相关的，保持曲线是平滑的。

【对称节点】将同一曲线形状应用到曲线两侧。不仅两侧调节杆相关而且长度相等。

3．闭合和断开曲线

【闭合曲线】当曲线处于开放状态时，单击该图标实现连接曲线的结束点，闭合曲线，在属性栏里或选择曲线单击鼠标右键都可以单击该按钮。

【断开曲线】断开开放和闭合曲线的路径。

3.1.3 切割图形

1．裁剪工具

使用【裁剪工具】可以对对象进行裁切。

2．刻刀工具

使用【刻刀工具】可以对单一的图形对象进行裁切，使一个图形被裁切成两个部分。

3．橡皮擦工具

使用【橡皮擦工具】移除绘图中不需要的区域。

3.1.4 修饰图形

1．涂抹笔刷

【涂抹笔刷工具】可以将曲线变得更复杂化，也可任意修改曲线的形状，它是一个绘制特殊复杂图形的有利工具。

2．粗糙笔刷

【粗糙笔刷工具】可以使平滑的曲线变成粗糙的曲线，也就是笔刷刷过的地方变为折线。

3．自由变换对象

【自由变换工具】是图形编辑中一种很常用的工具，它包括自由旋转工具、自由角度镜像工具、自由调节工具、自由扭曲工具。

4．虚拟段删除

【虚拟段删除工具】可以移除对象中重叠的段。

5．涂抹工具

【涂抹笔刷工具】可以将曲线变得更复杂化，也可任意修改曲线的形状，它是一个绘制特殊复杂图形的有利工具。

6．转动工具

【转动工具】通过沿对象轮廓拖动工具来添加旋转效果。

7．吸引与排斥工具

【吸引工具】通过将节点吸引到光标处来调整对象形状。

【排斥工具】通过将节点推离光标处来调整对象形状。

3.2 课堂案例

3.2.1 案例：T恤

知识点提示：本案例中主要使用【矩形工具】、【选择工具】、【贝塞尔工具】、【艺术笔工具】、【水平镜像】的相关知识绘制。

1. 案例效果

案例效果如图 3-1 所示。

图 3-1　T 恤

2. 案例制作流程

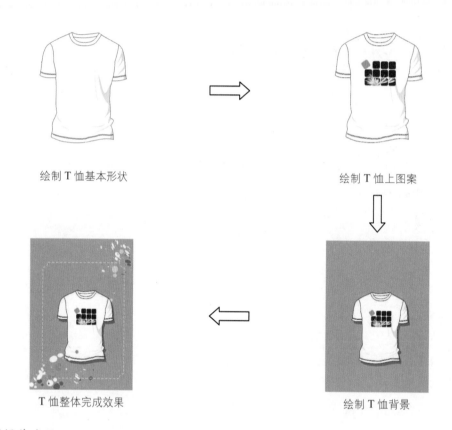

绘制 T 恤基本形状　　　　　　　　　绘制 T 恤上图案

T 恤整体完成效果　　　　　　　　　绘制 T 恤背景

3. 案例操作步骤

（1）在 CorelDRAW 中按快捷键 Ctrl+N 新建 A4 页面文件，文件名称为"T 恤"的文档，设置如图 3-2 所示。

（2）选择【贝塞尔工具】按钮，在绘图区绘制 T 恤，图形细节的修整，可选择【形状工具】按钮或按快捷键 F10，使用【形状工具】调整节点。按快捷键 H 切换到【平移工具】，拖动页面到合适位置进行调整节点。按空格键切换到【选择工具】，选择线条，在属性栏设置轮廓宽度为 0.3mm。如图 3-3 所示。

（3）选择【贝塞尔工具】按钮，绘制领口处线条，选择【形状工具】按钮进行调整线条形状，按空格键切换到【选择工具】选择线条，在设置轮廓宽度为 0.25mm。按快捷键 Ctrl+D 复制一条线，选择【形状工具】按钮 调整线条形状。如图 3-4 所示。选择【贝塞尔工具】按钮 ，绘制领口内侧线条，设置轮廓宽度为 0.25mm，如图 3-5 所示。

图 3-2　创建新文档

图 3-3　绘制 T 恤外轮廓

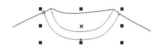

图 3-4　绘制 T 恤领口

图 3-5　绘制 T 恤领口

　　（4）选择【贝塞尔工具】按钮 ，绘制袖子接缝处线条，选择【形状工具】按钮 进行调整线条形状，按空格键切换到【选择工具】 选择线条，设置轮廓宽度为 0.25mm，如图 3-6 所示。选择【贝塞尔工具】按钮 绘制袖口线条，按空格键切换到【选择工具】 ，设置轮廓宽度为 0.25mm，在属性栏中改变线条样式为虚线，如图 3-7 所示。按快捷键 Ctrl+D 复制接缝线盒袖口虚线，在【选择工具】 状态下，选择两条虚线，按快捷键 Ctrl+D 复制，单击属性栏中的【水平镜像】 ，调整位置到袖口对应位置，如图 3-8 所示。

图 3-6　绘制 T 恤边线

图 3-7　绘制袖口线条

图 3-8　绘制袖口虚线

　　（5）选择【贝塞尔工具】按钮 ，绘制 T 恤下围线条，选择【形状工具】按钮 进行调整线条形状，按空格键切换到【选择工具】 选择线条，在属性栏设置轮廓宽度为 0.25mm，改变线条样式为虚线。如图 3-9 所示。

　　（6）选择【贝塞尔工具】按钮 ，绘制 T 恤阴影形状，去除轮廓线，设置颜色为浅灰色，CMYK 数值为：0、0、0、10。选择衣服上所有线条及阴影按快捷键 Ctrl+G 成组。如图 3-10 所示。

　　（7）单击【矩形工具】按钮 ，按住 Ctrl 键同时单击鼠标左键，拖拽创建正方形，长宽各为 9.5mm，在属性栏里设置圆角度数为 2mm。填充颜色为蓝色，CMYK 数值为：100、100、0、0，去除轮廓线，如图 3-11 所示。选择【排列】→【变换】→【缩放与镜像】命令，如图 3-12 所示设置 x 轴为 10mm，副本为 3，单击【应用】按钮，效果如图 3-13 所示。

图 3-9　绘制 T 恤下围边线　　　　　　　　图 3-10　绘制 T 恤阴影

图 3-11　绘制矩形　　　　图 3-12　设置变换参数　　　　图 3-13　复制矩形

（8）单击【选择工具】按钮，选择四个正方形，再选择【排列】→【变换】→【缩放与镜像】命令，如图 3-14 所示，设置 y 轴为 10mm，副本为 2，单击【应用】按钮，效果如图 3-15 所示。

图 3-14　设置变换参数　　　　　　　　图 3-15　复制矩形

（9）选择左上方正方形，填充颜色为灰色，CMYK 数值为：0、0、0、50，选择旋转状态下，拖动中心标记放在左下角，如图 3-16 所示。旋转一定角度，如图 3-17 所示。

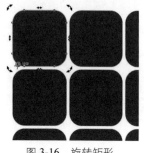

图 3-16　旋转矩形　　　　　　　　图 3-17　改变矩形颜色

（10）选择【艺术笔工具】按钮，在属性栏里选择【喷涂】按钮，在属性栏里选择笔刷笔触类别中的喷射图样，如图 3-18 所示。在绘图区域拖拽鼠标，绘制图形如图 3-19 所示。执行拆分艺术笔群组命令，快捷键为 Ctrl+K，如图 3-20 所示。选择线条按 Delete 键删除线条。选择图形单击右键取消群组或执行快捷键 Ctrl+U 取消群组命令。单击第一个花纹按 Delete 键，选择并旋转花纹，如图 3-21 所示。

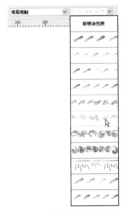

图 3-18　设置喷涂图样

图 3-19　绘制图形

图 3-20　拆分艺术笔

图 3-21　旋转图形

（11）执行快捷键 Ctrl+D 复制命令，选择一个蓝色花纹和右下角正方形，执行属性栏上的【移除前面图形】命令如图 3-22 所示。另一个蓝色花纹调整到合适位置，如图 3-23 所示。

（12）执行快捷键 Ctrl+G 成组命令，把图形移动到 T 恤合适位置上，如图 3-24 所示。

图 3-22　移除前面图形

图 3-23　拼合图形

图 3-24　T 恤完成图

（13）执行快捷键 Ctrl+C 复制和 Ctrl+V 粘贴命令，复制外轮廓线，如图 3-25 所示。填充灰色，CMYK 数值为：0、0、0、70，去除轮廓线，选择灰色背景，单击鼠标右键执行【顺序】→【置于此对象后】命令，把灰色背景置于白色 T 恤后面，如图 3-26 所示。

（14）双击【矩形工具】按钮，创建一个与页面等大的矩形，填充草绿色，CMYK 数值为：55、0、100、0，如图 3-27 所示。

图 3-25　复制外轮廓　　　　　　　　　　　　　　　图 3-26　T 恤阴影

（15）选择【艺术笔工具】按钮，单击属性栏【笔刷】按钮，选择底纹类别中的喷射图样最后一个圆点形。绘制喷溅圆点，分别填充白色 CMYK 数值为：0、0、0、0，灰色 CMYK 数值为：0、0、0、50，深灰色 0、0、0、70。分别调整大小及位置放在右上角和左下角。如图 3-28 所示。

图 3-27　填充 T 恤背景颜色　　　　　　　　　图 3-28　绘制 T 恤背景不规则点

（16）选择【矩形工具】按钮，绘制长方形轮廓宽度为 1mm，在属性栏里设置扇形角为 10mm。在工具箱里选择【轮廓笔工具】，样式选择虚线点形式，在面板中设置白色，CMYK 数值为：0、0、0、0。勾选"填充之后"和"随对象缩放"，效果如图 3-29 所示。

图 3-29　T 恤整体完成图

3.2.2　案例：海上帆船插图

知识点提示：本案例中主要使用【矩形工具】、【椭圆形工具】、【选择工具】、【贝塞尔工具】、【星形工具】、【垂直镜像】、【水平镜像】的相关知识绘制。

1. 案例效果

案例效果如图 3-30 所示。

图 3-30　海上帆船插图

2．案例制作流程

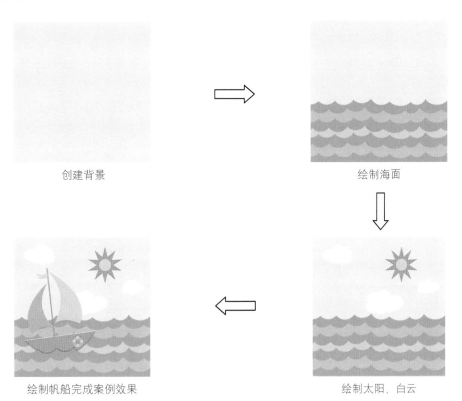

创建背景　　　　　　　　　　　　　　　　　　　　　　绘制海面

绘制帆船完成案例效果　　　　　　　　　　　　　　　　绘制太阳、白云

3．案例操作步骤

（1）执行【文件】→【新建】命令，新建文件名称为"海上帆船插图"，宽为 210mm、高为 210mm 的正方形文档，设置如图 3-31 所示。双击工具箱【矩形工具】按钮，在绘图页面内创建一个与页面大小一致的矩形，如图 3-32 所示。填充颜色 CMYK 数值为：20、0、7、0，去除轮廓线，效果如图 3-33 所示。

图 3-31　创建新文档

图 3-32　绘制矩形

图 3-33　填充背景颜色

（2）使用【贝塞尔工具】 🔧 绘制海浪如图 3-34 所示，填充颜色 CMYK 数值为：67、0、29、0、去除轮廓线，效果如图 3-35 所示。用同样方法绘制第二层海浪并添加颜色，设置颜色 CMYK 数值为：50、0、23、0，去除轮廓线，效果如图 3-36 所示，复制多个海浪，按照一条深色一条浅色排列，中间一条浅色海浪改变成更浅的颜色，CMYK 数值为：38、0、18、0，绘制完成海浪效果如图 3-37 所示。

图 3-34　绘制海浪

图 3-35　绘制海浪

图 3-36　绘制海浪

图 3-37　绘制完成海浪效果

（3）选择【椭圆形工具】按钮 ⬭ 绘制大小不同的椭圆，如图 3-38 所示，填充白色后圈选所有椭圆，鼠标右击 ⊠ 去除轮廓线，效果如图 3-39 所示。圈选白云按快捷键 Ctrl+C 复制，按快捷键 Ctrl+V 粘贴两次，再使用【选择工具】 ⬦ 拖拽黑色方块图标，调整白云大小，执行【水平镜像】 ◫ 命令调整白云方向，完成效果如图 3-40 所示。

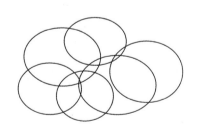

图 3-38　绘制椭圆

图 3-39　绘制白云

图 3-40　复制白云

（4）选择【星形工具】 ⬠ 按钮，设置属性栏 ☆10 ▲54 绘制太阳光，效果如图 3-41 所示，填充颜色 CMYK 数值为：0、40、91、0，去除轮廓线，效果如图 3-42 所示。在星状图形中心按住 Ctrl 键的同时使用【椭圆形工具】 ⬭ 绘制正圆，在【调色板】上，单击黄色色块，填充太阳，如图 3-43 所示，完成海上风景如图 3-44 所示。

（5）使用【贝塞尔工具】 🔧 绘制小船帆如图 3-45 所示，设置颜色 CMYK 数值为：32、0、91、0，去除轮廓线，效果如图 3-46 所示。选择船帆按快捷键 Ctrl+C 复制，Ctrl+V 粘贴，单击【调色板】黄色色块，填充黄色，去除轮廓线，调整大小效果如图 3-47 所示。

图 3-41　绘制太阳

图 3-42　填充颜色

图 3-43　填充太阳

图 3-44　太阳、白云完成效果

图 3-45　绘制船帆

图 3-46　绘制船帆

图 3-47　绘制船帆

（6）选择【矩形工具】按钮□绘制细长矩形，使用【选择工具】双击矩形调整方向后填充颜色 CMYK 数值为：0、40、91、0，如图 3-48 所示。再使用【贝塞尔工具】绘制旗杆上的旗帜并填充黄色，如图 3-49 和图 3-50 所示。

图 3-48　绘制船帆

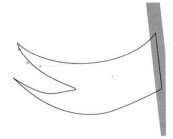

图 3-49　绘制船帆旗帜

图 3-50　绘制船帆旗帜

（7）使用【贝塞尔工具】绘制船体并填充颜色，设置颜色 CMYK 数值为：0、40、91、0，去除轮廓线，效果如图 3-51 所示。

（8）按住 Ctrl 键的同时使用【椭圆形工具】⊙绘制正圆并填充颜色，颜色 CMYK 数值为：32、0、91、0，如图 3-52 所示。选择【橡皮擦工具】按钮✎，设置属性栏参数为 4mm ▢4.0 mm ▢，完成圆环绘制效果如图 3-53 所示。

图 3-51　绘制船体　　　　　图 3-52　绘制救生圈　　　　　图 3-53　绘制救生圈

（9）使用【贝塞尔工具】▨绘制救生圈上图案，如图 3-54 所示，填充黄色，执行复制（Ctrl+C 键）命令，粘贴（Ctrl+V 键）命令，执行【垂直镜像】▨命令，效果如图 3-55 所示。选择图案再次执行（Ctrl+C 键）复制、（Ctrl+V 键）粘贴命令，拖动中心标记到游泳圈中心，旋转 90°，如图 3-56 所示。再次复制一个图案，单击【水平镜像】▨命令后调整图案位置，完成效果如图 3-57 所示。使用【选择工具】▨选择救生圈将其移至船身适当位置，如图 3-58 所示。

（10）使用【选择工具】▨框选帆船将其移至海上风景适当位置，单击鼠标右键执行【顺序】→【置于此对象后】命令，将船身置于海浪后，完成案例设计最终效果如图 3-59 所示。

 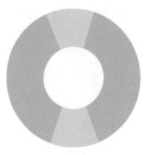 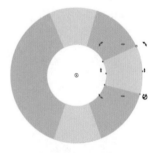

图 3-54　绘制救生圈上图案　　　图 3-55　绘制救生圈上图案　　　图 3-56　绘制救生圈上图案

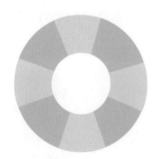  

图 3-57　镜像救生圈上图案　　　图 3-58　移动救生圈位置　　　图 3-59　海上帆船完成效果图

3.2.3　案例：可爱宝宝

知识点提示：本案例中主要使用【矩形工具】▢、【橡皮擦工具】✎、【选择工具】▨、【贝塞尔工具】

、【艺术笔工具】、【水平镜像】的相关知识绘制。

1．案例效果

案例效果如图 3-60 所示。

图 3-60　可爱宝宝

2．案例制作流程

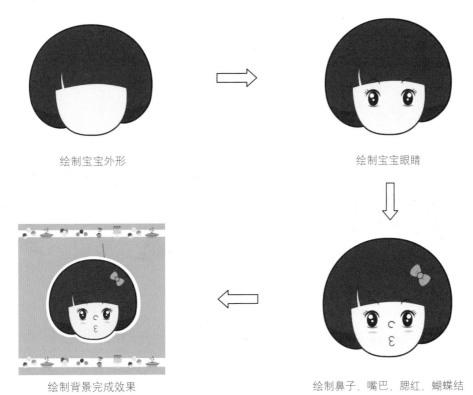

绘制宝宝外形　　　　　　　　　　　　　　绘制宝宝眼睛

绘制背景完成效果　　　　　　　　　　绘制鼻子、嘴巴、腮红、蝴蝶结

3．案例操作步骤

（1）执行【文件】→【新建】命令，新建文件名称为"可爱宝宝"，宽为 210mm、高为 210mm 的正方形文档,设置如图 3-61 所示。首先绘制人物脸部轮廓,使用【椭圆形工具】绘制椭圆并填充颜色, CMYK 数值为：0、4、24、0，轮廓线颜色为黑色，CMYK 数值为：0、0、0、100，轮廓宽度为 0.2mm, 如图 3-62 所示。选择【形状工具】按钮进行调整线条形状，如图 3-63 所示。

（2）创建刘海图形，单击工具箱中【贝塞尔工具】按钮绘制刘海外形，选择【形状工具】按钮进行调整线条形状，如图 3-64 所示。使用【选择工具】选择两个图形，在属性栏执行【移除前面对象】命令，如图 3-65 所示。

图 3-61　建立文档

图 3-62　绘制椭圆

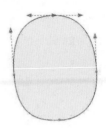

图 3-63　调整形状

图 3-64　绘制宝宝刘海

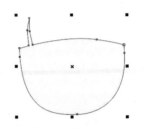

图 3-65　绘制宝宝脸型

（3）绘制头发部分再次使用【贝塞尔工具】按钮，选择【形状工具】调整形状，轮廓线为黑色，轮廓宽度为 0.75mm，填充颜色为咖啡色，CMYK 数值为：46、92、100、19，如图 3-66 所示。

（4）绘制头发阴影，使用【贝塞尔工具】按钮，选择【形状工具】调整形状，去除轮廓线，填充深咖啡色，CMYK 数值为：54、100、100、44，如图 3-67 所示。

图 3-66　绘制宝宝头发

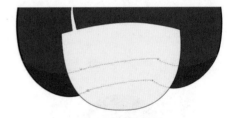

图 3-67　绘制宝宝头发阴影

（5）选择快捷键 Ctrl+D 复制整个头部图形，如图 3-68 所示。使用【选择工具】选择副本，执行属性栏的【合并】命令，合并图形如图 3-69 所示，轮廓线为黑色，轮廓宽度为 2.5mm，选择快捷键 Ctrl+PgDn 向后一层，如图 3-70 所示。

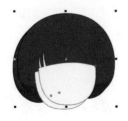

图 3-68　复制宝宝头部

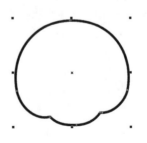

图 3-69　合并图形

（6）绘制眉毛，单击【贝塞尔工具】按钮◣绘制图形，结合【形状工具】◣调整形状，填充黑色 CMYK 数值为：0、0、0、100，如图 3-71 所示。

（7）绘制上眼睑，单击【贝塞尔工具】按钮◣，绘制眉毛外轮廓，选择【形状工具】◣调整形状，填充黑色，CMYK 数值为：0、0、0、100，如图 3-72 所示。按快捷键 Ctrl+D 复制一个图形，使用【橡皮擦工具】◢擦除不需要的部分，如图 3-73 所示。调整方向及大小如图 3-74 所示。按快捷键 Ctrl+D 复制睫毛调整到合适位置，如图 3-75 所示。

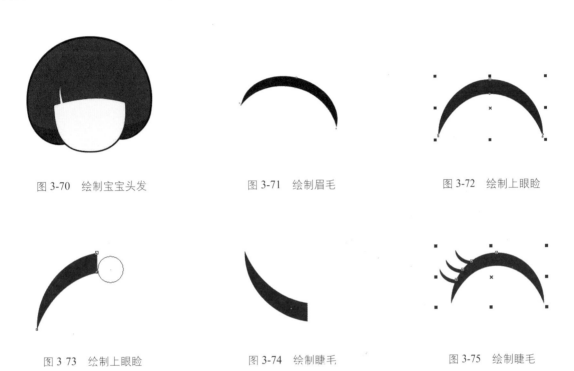

图 3-70　绘制宝宝头发　　　　　图 3-71　绘制眉毛　　　　　图 3-72　绘制上眼睑

图 3-73　绘制上眼睑　　　　　图 3-74　绘制睫毛　　　　　图 3-75　绘制睫毛

（8）绘制眼珠，使用【椭圆形工具】○绘制椭圆，填充黑色，CMYK 数值为：0、0、0、100。绘制眼睛高光，使用【椭圆形工具】○绘制正圆，填充白色，CMYK 数值为：0、0、0、0，去除轮廓线，按快捷键 Ctrl+D 复制一个白色正圆，如图 3-76 所示。绘制眼白，使用【椭圆形工具】○绘制椭圆，填充白色，CMYK 数值为：0、0、0、0，单击鼠标右键执行【顺序】→【置于此对象后】命令，绘制下眼睑，方法同上眼睑，如图 3-77 所示。选择眉毛和眼睛按快捷键 Ctrl+G 成组，按快捷键 Ctrl+D 复制一组眼睛，如图 3-78 所示。执行【水平镜像】⬌命令调整眼睛方向，如图 3-79 所示。

（9）绘制腮红，使用【椭圆形工具】○绘制椭圆，填充粉色，CMYK 数值为：0、27、13、0，去除轮廓线。如图 3-80 所示。

图 3-76　绘制眼睛　　　　　　　　　　图 3-77　绘制下眼睑

图 3-78 复制眼睛

图 3-79 调整眼睛方向

（10）绘制鼻子和嘴巴，使用【椭圆形工具】◎在属性栏里选择按钮◎，绘制弧形，起始结束角度为 0°、270°。执行工具箱【轮廓笔】按钮◎，打开【轮廓笔】面板，线条宽度为 0.6mm，线条端头改成圆头，按快捷键 Ctrl+D 复制弧形，改变弧形轮廓宽度为 0.6mm，按快捷键 Ctrl+D 再复制一个，调整弧形位置如图 3-81 所示。

图 3-80 绘制腮红

图 3-81 绘制鼻子和嘴巴

（11）单击【贝塞尔工具】按钮◎，绘制蝴蝶结外形，选择【形状工具】◎调整形状，并填充粉色，CMYK 数值为：0、0、49、0，轮廓线颜色为深咖啡色，CMYK 数值为：54、100、100、74，轮廓宽度为 0.5mm，如图 3-82 所示。按快捷键 Ctrl+D 复制另一半，执行【水平镜像】◎命令，调整位置如图 3-83 所示。绘制一个椭圆作为蝴蝶结凹陷处，填充深粉色，CMYK 数值为：0、0、49、0，按快捷键 Ctrl+D 复制，调整到合适位置。选择【椭圆形工具】◎绘制中心圆形，并填充粉色，CMYK 数值为：0、0、49、0，轮廓线颜色为深咖啡色，CMYK 数值为：54、100、100、74，轮廓宽度为 0.75mm，如图 3-84 所示。按空格键切换到【选择工具】◎，按快捷键 Ctrl+G 成组命令，移动并旋转一定角度，把蝴蝶结放到娃娃头上。如图 3-85 所示。

图 3-82 绘制蝴蝶结

图 3-83 绘制蝴蝶结

（12）双击【矩形工具】按钮◎，在绘图页面内创建一个与页面大小一致的矩形，填充粉色，CMYK 数值为：0、40、20、0。选择【选择工具】按钮◎，选择头像最下面一层外轮廓层，按快捷键

Ctrl+D 复制一个头形外轮廓图，填充白色，CMYK 数值为：0、0、0、0，去除外轮廓，如图 3-86 所示。单击【选择工具】按钮，鼠标放在右下角控制点上，变成缩放图标，拖拽控制点，扩大白色区域，如图 3-87 所示。

图 3-84　绘制蝴蝶结

图 3-85　绘制蝴蝶结

图 3-86　复制头像

图 3-87　填充颜色

（13）选择【矩形工具】按钮绘制矩形，长为 210mm，宽为 11mm，调整大小及位置，填充白色，CMYK 数值为：0、0、0、0，去除外轮廓。选择【艺术笔工具】按钮，在属性栏里选择【喷涂】按钮，喷涂对象大小改为 50，在属性栏里选择【食物】类别中的喷射图样第三个蛋糕图样。在绘图区域拖拽鼠标绘制图形，按快捷键 Ctrl+G 成组，如图 3-88 所示。按快捷键 Ctrl+D 复制，调整位置到下方，完成效果如图 3-89 所示。

图 3-88　绘制背景

图 3-89　最终效果图

3.2.4　案例：钟

知识点提示：本案例中主要使用【矩形工具】、【椭圆形工具】、【选择工具】、【贝塞尔工具】、【水平镜像】的相关知识绘制。

1．案例效果

案例效果如图 3-90 所示。

图 3-90 钟

2．案例制作流程

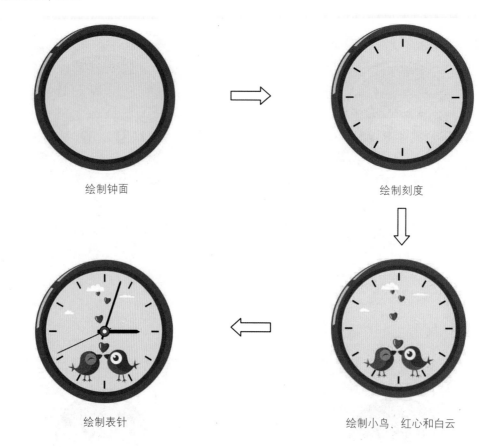

绘制钟面　　　　　　　　　　　　　　　　　　绘制刻度

绘制表针　　　　　　　　　　　　　　　　绘制小鸟、红心和白云

3．案例操作步骤

（1）执行【文件】→【新建】命令，新建文件名称为"钟表"，设置正方形的宽为 210mm，高为 210mm，如图 3-91 所示。

（2）按住鼠标从标尺边缘拖拽鼠标，分别从横向和纵向拽出两条辅助线，确定钟表的中心，如图 3-92 所示。单击【椭圆形工具】按钮 ，按住快捷键 Shift+Ctrl 的同时拖动鼠标绘制，则可以绘制出以起点为中心向外扩展的正圆。在属性栏里设置【对象大小】长为 128mm，宽为 128mm，填充紫色，CMYK 数值为：20、89、0、0，去除轮廓线，如图 3-93 所示。

（3）按快捷键 Ctrl+C、Ctrl+V 复制粘贴一个圆，设置【对象大小】长为 116mm，宽为 116mm。填充深紫色，CMYK 数值为：49、100、42、2，如图 3-94 所示。单击【贝塞尔工具】按钮 ，绘制高光外形，填充白色，CMYK 数值为：0、0、0、0，如图 3-95 所示。

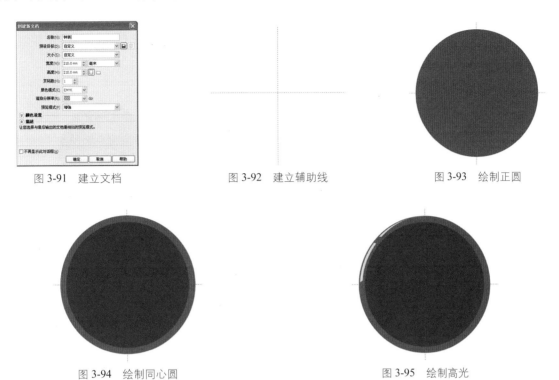

图 3-91　建立文档　　　　　　　图 3-92　建立辅助线　　　　　　　图 3-93　绘制正圆

图 3-94　绘制同心圆　　　　　　　　　　　图 3-95　绘制高光

（4）按快捷键 Ctrl+C、Ctrl+V 再复制粘贴一个圆，设置【对象大小】长为 107mm，宽为 107mm。填充深紫色，CMYK 数值为：11、7、0、0，如图 3-96 所示。选择【矩形工具】按钮□绘制矩形，长 1.2 mm，宽 6.7mm，填充黑色，CMYK 数值为：0、0、0、100，去除轮廓线，选择【选择工具】按钮◺，选择黑色矩形，单击控制中心变换成旋转状态，把旋转中心移动到辅助线中心，如图 3-97 所示。选择【排列】→【变换】→【缩放与镜像】命令，在变换面板中设置旋转角度为 30°，副本 11 个，单击【应用】按钮，如图 3-98 所示。旋转复制完成效果如图 3-99 所示。

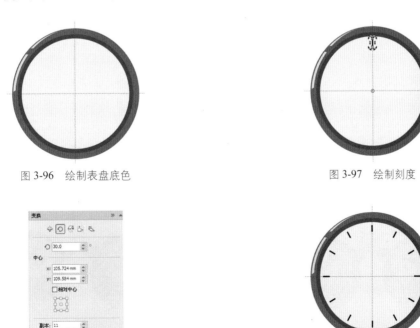

图 3-96　绘制表盘底色　　　　　　　　　　　图 3-97　绘制刻度

图 3-98　设置参数　　　　　　　　　　　图 3-99　绘制刻度

（5）单击【贝塞尔工具】按钮 ，绘制小鸟身体外形，填充深红色，CMYK 数值为：13、96、99、4，去除轮廓线，如图 3-100 所示。按快捷键 Ctrl+D 复制小鸟身体，选择【形状工具】按钮 调整，选择相应节点，单击鼠标右键进行调整，绘制小鸟身体背部浅色区域，填充红色，CMYK 数值为：0、82、75、0，如图 3-101 所示。

图 3-100　绘制小鸟身体

图 3-101　绘制小鸟身体

（6）单击【贝塞尔工具】按钮 ，绘制小鸟的嘴巴形状，填充深红色，CMYK 数值为：23、96、97、17，去除轮廓线，单击鼠标右键执行【顺序】→【置于此对象后】命令，放在小鸟身体后面，单击【贝塞尔工具】按钮 ，绘制小鸟的脚的形状，填充深红色，CMYK 数值为：26、94、68、16，单击鼠标右键执行【顺序】→【置于此对象后】命令，调整位置，如图 3-102 所示。单击【椭圆形工具】按钮 ，按快捷键 Shift+Ctrl 的同时拖动鼠标绘制正圆，填充粉色，CMYK 数值为：0、52、50、0，单击【贝塞尔工具】按钮 ，绘制小鸟眼睛，填充红色，CMYK 数值为：21、96、96、13，如图 3-103 所示。

图 3-102　绘制小鸟嘴巴、脚

图 3-103　绘制小鸟眼睛

（7）按快捷键 Ctrl+D 复制一个小鸟，执行【水平镜像】 命令调整小鸟方向，如图 3-104 所示。调整副本小鸟颜色，选择【颜色泊坞窗】，单击【吸管工具】吸取相应颜色，进行颜色填充，身体颜色分布，第二只正好相反，第二只副本的眼白部分改成白色，CMYK 数值为：0、0、0、0，删除月牙形眼睛，单击【椭圆形工具】按钮 ，重新绘制眼珠，按住快捷键 Shift+Ctrl 的同时拖动鼠标绘制正圆，填充深红色，CMYK 数值为：23、96、97、17，去除轮廓线，按快捷键 Ctrl+D 复制一个圆，改颜色为白色，CMYK 数值为：0、0、0、0，调整大小及位置如图 3-105 所示。

图 3-104　复制小鸟

图 3-105　绘制第二只小鸟

（8）单击【贝塞尔工具】按钮，绘制心形形状，选择【形状工具】调整形状，如图 3-106 所示。填充红色，CMYK 数值为：0、82、75、0，如图 3-107 所示。按快捷键 Ctrl+D 复制一个心形，选择【形状工具】调整形状，填充红色，CMYK 数值为：0、82、75、0，同样用【贝塞尔工具】按钮结合【形状工具】绘制高光，填充白色，CMYK 数值为：0、0、0、0，如图 3-108 所示。

图 3-106　绘制红心

图 3-107　填充红心

图 3-108　复制红心并绘制高光

（9）绘制飞鸟和白云，单击【贝塞尔工具】按钮，绘制飞鸟形状，填充白色 CMYK 数值为：0、0、0、0，按快捷键 Ctrl+D 复制多个飞鸟，调整大小及位置，如图 3-109 所示。单击【贝塞尔工具】按钮，绘制多个白云形状，填充白色，如图 3-110 所示。

图 3-109　绘制飞鸟

图 3-110　绘制白云

（10）调整小鸟的位置到钟上，Ctrl+D 复制多个红心，调整大小及位置，如图 3-111 所示。

（11）单击【椭圆形工具】按钮，按住快捷键 Shift+Ctrl 的同时拖动鼠标绘制，则可以绘制出以起点为中心向外扩展的正圆。在属性栏里设定【对象大小】，长为 8.8mm 和宽为 8.8mm，填充灰色，CMYK 数值为：65、56、53、0，轮廓线宽度为 0.75，如图 3-112 所示。按快捷键 Ctrl+D 复制一个，按住 Shift 键同时向中心缩放，填充白色，CMYK 数值为：0、0、0、0，轮廓线宽度为 0.2，如图 3-113 所示。

图 3-111　复制红心

图 3-112　绘制指针中心

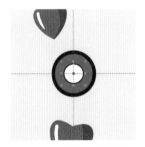

图 3-113　绘制指针中心

（12）绘制表针，单击【矩形工具】按钮，绘制黑色矩形，在属性栏里设定【对象大小】，长为 36mm，宽为 3mm，单击鼠标右键选择【转换曲线】命令或者使用快捷键 Ctrl+Q，双击矩形右侧边的中点，产生新的节点，如图 3-114 所示。拖拽节点调整指针外形，如图 3-115 所示。

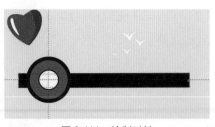

图 3-114　绘制时针

图 3-115　绘制时针

（13）按快捷键 Ctrl+D 复制一个表针，调节分针长度，单击控制点，当中心变成旋转状态时，拖动中心点到辅助线的交叉点上，旋转一定角度。秒针的制作方法与分针相同，完成效果如图 3-116 所示。单击菜单栏【视图】→【辅助线】命令隐藏辅助线，最终效果如图 3-117 所示。

图 3-116　绘制分针、秒针

图 3-117　隐藏辅助线

3.3　本章小结

　　本章主要结合一些实例讲解了关于曲线的绘制和调节，掌握常用的几种工具，使用手绘工具、贝塞尔工具以及艺术笔工具绘制各种线条的方法与技巧，以及使用形状工具调整曲线的曲度、移动节点位置、转换直线与曲线旋转和倾斜节点等知识。通过本章的学习，读者可以更好地掌握各种线条的绘制方法，并能快速地绘制出所需的线条，为以后绘制出更复杂、更美观的读者作品打下坚实的基础。

3.4　拓展练习

　　综合运用绘制与编辑曲线路径的工具和填充工具设计一幅小黄鸭插画，效果如图 3-118 所示。

图 3-118　小黄鸭

3.5　思考与练习

一、填空题

1．选择工具箱中的【手绘工具】按钮，按住 _____ 键，所绘制的直线为水平和垂直及 15 度倍数的直线。

2．【艺术笔工具】按钮有五种可选模式：预设，笔刷，_____，书法，压力。

3．可以使平滑的曲线变成粗糙的曲线，也就是笔刷刷过的地方变为折线是 _____ 笔刷。

4．执行拆分艺术笔群组命令的快捷键是 _____。

二、选择题

1．选择【手绘工具】按钮的快捷键是（　　）键。

　　A．F5　　　　　　　　　B．F6　　　　　　　　　C．F8

2．选择【转换曲线】的快捷键是（　　）。

　　A．Ctrl+B　　　　　　　B．Ctrl+Q　　　　　　　C．Ctrl+G

3．【隐藏辅助线】在（　　）菜单下。

　　A．视图　　　　　　　　B．窗口　　　　　　　　C．布局

4．创建与页面等大的图纸，可（　　）【矩形工具】按钮。

　　A．单击　　　　　　　　B．双击　　　　　　　　C．按住 Ctrl 键同时单击

三、思考题

思考如何把实例"可爱宝宝"中艺术笔刷中绘制的一排蛋糕分成单独一个一个的蛋糕?

第4章 编辑轮廓线与填充颜色

教学目标：

在 CorelDRAW 中，任何一幅图形图像都离不开色彩的运用，而轮廓线和色彩填充则是构成图形图像的主要元素之一，通过轮廓的设置和颜色的填充可以创建出各种特殊的效果。本章节通过学习这两个工具的相关知识，使读者掌握如何为对象填充颜色、如何为图形编辑轮廓线的方法与技巧。

重点难点：

轮廓笔和填充工具组中的【标准填充】、【渐变填充】、【图样填充】操作与应用。

4.1 相关知识

本节中主要讲解如何编辑轮廓线和填充工具组的应用，如图 4-1 和图 4-2 所示。

图 4-1 轮廓笔工具组

图 4-2 填充工具组

4.1.1 编辑轮廓线和均匀填充

1. 使用轮廓工具

通过对轮廓工具的使用，可以设置、修改轮廓线的粗细、轮廓样式、轮廓颜色以及轮廓转角、线条端头以及书法形状等属性，最终达到美化对象外观的效果。在 CorelDRAW 中，矢量对象由轮廓和填充色组成，并可在对象与对象之间进行轮廓属性的复制。还可以将设定的轮廓转换为对象，使用编辑曲线的方法对它进行编辑。

2. 设置轮廓线的颜色

在 CorelDRAW 中，通过鼠标设置轮廓线颜色的方法有两种：一种是在选择对象后，在调色板中右击相应的色块；另一种是将鼠标指针移至调色板色块上，按住鼠标左键将其拖至填充对象的轮廓线上，然后松开鼠标即可。这两种方法只能使用调色板中的颜色，如果要精确设置对象轮廓线的颜色，则需要通过【轮廓色】对话框或【颜色泊坞窗】来进行设置。

3. 设置轮廓线的粗细及样式

单击工具箱中的【轮廓工具】按钮，在打开的工具组中单击【轮廓笔对话框】按钮。在【轮廓笔】对话框中的下拉列表中可选择相应的数值，设置所选图形对象的轮廓线粗细。CorelDRAW 中有多种轮廓线样式可供选择，当提供的样式不能满足要求时，还可以通过编辑样式功能来编辑所需的轮廓线样式。

4. 设置轮廓线角的样式及端头样式

在【轮廓笔】对话框中也可设置对象的转角样式，即锐角、圆角或梯形角，但转角样式只能应用于两边都是直线的转角。在 CorelDRAW 中可以对开放的曲线设置线端和箭头样式，而对于封闭图形设置线端和箭头样式则看不出任何效果。

5. 使用调色板填充颜色

使用【调色板】可以快速对具有闭合路径的对象应用实色填充。选择对象后，在【调色板】中用鼠标单击相应的色块，即可为所选对象填充单色。

6. 均匀填充对话框

均匀填充又称【标准填充】，就是在封闭图形对象内填充单一的颜色。在工具箱中单击【填充工具】按钮右下角的小三角形，可弹出隐藏的工具组。单击填充工具组中的【填充工具】按钮，弹出【均匀填充】对话框，从中可以设置所需的颜色。

7. 使用颜色泊坞窗填充

【颜色泊坞窗】是填充图形对象的辅助工具，【颜色泊坞窗】使用较方便，在实际设计中使用率较高。打开填充工具，单击打开【颜色泊坞窗】，【颜色泊坞窗】可为对象填充颜色，也可为轮廓线进行填充。在【颜色泊坞窗】中有三种颜色填充模式：【显示颜色滑块】、【显示颜色查看器】和【显示颜色调板】。

4.1.2　渐变填充和图样填充

1. 使用属性栏进行填充

在绘图页面中绘制一个要填充的图形对象，在工具箱中单击【填充工具】按钮，在绘图页面上部分出现属性栏，在其填充类型列表中可以选择渐变类型。

2. 使用工具进行填充

在绘图页面中绘制一个要进行渐变填充的图形对象，在工具箱中单击【填充工具】按钮，在起点颜色位置单击，拖动鼠标到适当位置，松开鼠标，图形对象即填充了预设的颜色。

3. 使用渐变填充对话框填充

【渐变填充】可为对象增加两种或两种以上的平滑渐进色彩效果。【渐变填充】方式是设计中非常重要的表现技巧，用来表现对象的质感及非常丰富的色彩变化和层次等。

4. 渐变填充的样式

CorelDRAW 中的渐变填充有【线性】、【射线】、【圆锥】和【方角】4 种类型，它根据【线性】、【射线】、【圆锥】和【方角】的路径渐变色彩，可以绘制出多种特殊颜色变化效果。在 CorelDRAW 中有多种方式可对图形对象进行【渐变填充】的设置，【渐变填充】是一种非常重要的表现技巧。

【线性】：指在两种或两种以上的颜色之间，产生直线型的渐变，以及丰富的颜色变化效果，可为平面图形表现出立体感。

【射线】：两种或两种以上的颜色，以同心圆的形式由对象中心向外辐射。射线渐变填充可以很好地体现球体的立体效果和光晕效果。

【圆锥】：两种或两种以上的颜色，模拟光线照射在圆锥上产生的颜色渐变效果，可以产生金属般的质感。

【方角】：两种或两种以上的颜色，以同心方的形式由对象中心向外扩散。

5. 图样填充

CorelDRAW 中提供了【图样填充】功能，此填充方式可将预设图案以平铺的方式填充到图形中，可以为对象填充预设的填充纹样，也可自己创建填充图样或导入图像进行填充。使用【图样填充】可以设计出多种漂亮的填充效果，【图样填充】包括【双色填充】、【全色填充】和【位图填充】。

【双色填充】：双色图样填充只有前部和后部两种颜色，可以在下拉菜单中更改颜色。

【全色填充】：全色图样填充以矢量图案和位图文件的方式填充到对象。打开全色图样填充对话框，选项内容与双色图样填充的选项基本一致，通过调整颜色、大小和变化等数值，即可生成各种新的图样；也可以创建填充图样，或导入图像进行填充，效果更加丰富。

【位图填充】：位图图样的填充，其复杂性取决于图像的大小和图像的分辨率，填充效果比前两种更加丰富。

4.1.3 其他填充

1. 底纹填充

【底纹填充】可以将各种材料底纹、材质或纹理填充到对象中，提供 CorelDRAW 预设的底纹样式，底纹样式模拟了自然景物，可赋予对象生动的自然外观。因此，【底纹填充】是为对象填充天然材料的外观效果。在【底纹填充】时可以设置底纹的分辨率，但【底纹填充】的原理与矢量图一样，以数字与函数式来计算图像效果。

2. 交互式网格填充工具填充

运用【交互式网格填充】可以轻松地制作比较复杂的网格填充效果，从而创建多种颜色填充，而无需使用轮廓、渐变或调和等属性。该工具可以实现复杂多变的渐变填充效果，通过网格数量的设定和网格形状的调整，使各个填充色自由融合。利用该工具可以在任何方向转换颜色，处理复杂形状图形中的细微颜色变化，从而制作出花瓣、树叶等复杂形状的色彩过渡。

3. PostScript 底纹填充

【PostScript 底纹填充】是由 PostScript 语言编写出来的一种特殊底纹。【PostScript 底纹填充】是一种特殊的图案填充方式，有些底纹非常复杂，因此打印或显示用【PostScript 底纹填充】的对象时，用时较长。它可以向对象中添加半色调挂网的效果。

4.2 课堂案例

4.2.1 案例：标志设计

知识点提示：本案例中主要介绍【矩形工具】、【渐变填充工具】、【贝塞尔工具】、【合并】、【修剪】命令的使用方法与相关知识。

1．案例效果

案例效果如图 4-3 所示。

图 4-3　标志设计案例效果

2．案例制作流程

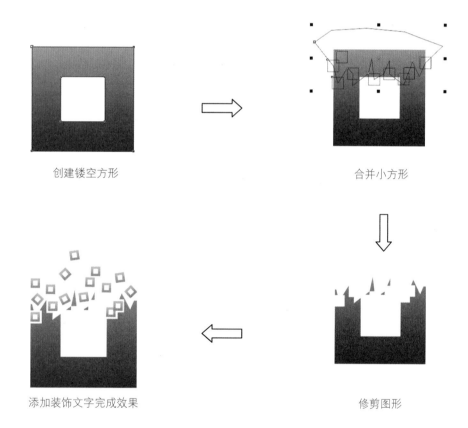

创建镂空方形　　　　　　　　　　　　　　　　　合并小方形

添加装饰文字完成效果　　　　　　　　　　　　　　修剪图形

3．案例操作步骤

（1）打开软件 CorelDRAW，执行【文件】→【新建】命令，新建一个名称为"标志设计"的文档。单击【矩形工具】按钮囗，按住 Ctrl 键，在画面中心位置创建一个正方形，如图 4-4 所示。

（2）单击【挑选工具】按钮，将该图形选中，按住 Shift 键向正方形中心等比例缩放，在合适位置处右击，等比例缩小并复制，形成方形环状。单击【挑选工具】按钮，将两个图形同时选中，按快捷键 Ctrl+L 组合键，生成中间镂空方形，如图 4-5 所示。

（3）单击工具箱中的【渐变填充工具】按钮，弹出【渐变填充】对话框，选择纯蓝到深蓝的角度线性渐变，使用鼠标右击色板中的图标，取消轮廓线，设置如图 4-6 所示，填充效果如图 4-7 所示。

图 4-4　创建新文档

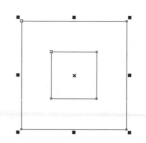

图 4-5　绘制中间镂空方形

（4）单击【矩形工具】按钮▣，绘制正方形，运用快捷键 Ctrl+D，【再制】正方形并放置在画面如图 4-8 所示的位置。单击【挑选工具】按钮▣选中全部小正方形，执行属性栏 中的【合并】命令。

图 4-6　【渐变填充】对话框

图 4-7　填充效果

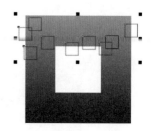

图 4-8　合并效果

（5）单击【贝塞尔工具】按钮▣ 创建图形如图 4-9 所示，再次单击【挑选工具】按钮▣ 将该图形和焊接后的镂空方形全部选中，执行属性栏 中的【合并】命令，效果如图 4-10 所示。

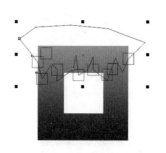

图 4-9　创建贝塞尔图形

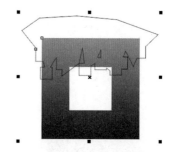

图 4-10　合并效果

（6）单击【挑选工具】按钮▣ 将画面中的图形全部选中，执行属性栏 中的【修剪】命令，效果如图 4-11 所示，并将多余图形按 Delete 键删除，效果如图 4-12 所示。

图 4-11　修剪效果

图 4-12　删除效果

（7）运用前面所学的【再制】、【合并】命令，再次绘制镂空方形。单击【渐变填充工具】按钮，选择从浅绿到深绿的角度线性渐变，并取消轮廓线，如图 4-13 所示。单击【选择工具】按钮，【再制】、【旋转】多个镂空方形，如图 4-14 所示。

图 4-13　【渐变填充】对话框

图 4-14　添加绿色镂空方形效果

（8）调整图形，最终效果如图 4-15 所示。

图 4-15　最终效果

4.2.2　案例：星星花

知识点提示：本案例中主要介绍【星形工具】、【渐变填充工具】、【贝塞尔工具】的使用方法与相关知识。

1．案例效果

案例效果如图 4-16 所示。

图 4-16　星星花

2．案例制作流程

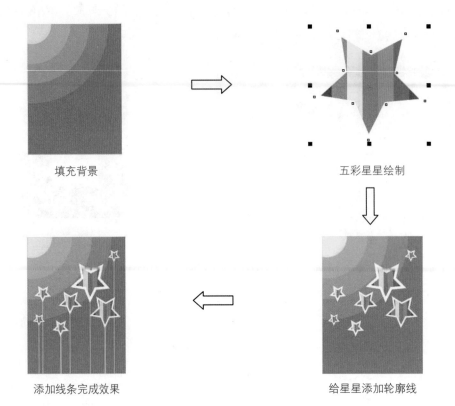

填充背景　　　　　　　　　　　　　五彩星星绘制

添加线条完成效果　　　　　　　　　给星星添加轮廓线

3．案例操作步骤

（1）打开软件 CorelDRAW，执行【文件】→【新建】命令，新建一个名称为"星星花"的文档，如图 4-17 所示。单击【矩形工具】按钮，创建一个矩形，如图 4-18 所示。

图 4-17　创建新文档

图 4-18　绘制矩形

（2）单击工具箱中的【渐变填充】按钮，弹出【渐变填充】对话框，【类型】选择为【辐射】，参数设置如图 4-19 所示，使用鼠标右击色板中的图标，取消轮廓线，效果如图 4-20 所示。

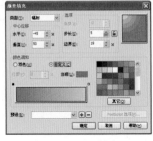

图 4-19　参数设置

图 4-20　填充背景效果

（3）单击工具箱中的【星形工具】按钮，设置属性栏参数，按 Ctrl 键绘制正五角星，如图 4-21 所示，再次单击五角星，按住 Shift 键，拖动角点将其【旋转】，如图 4-22 所示，再选择【渐变填充工具】按钮，选择【线性】渐变填充，如图 4-23 所示，在预设下拉菜单中选择彩虹色，参数设置如图 4-24 所示，填充出五彩星星，效果如图 4-25 所示。

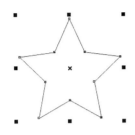

图 4-21　星星绘制

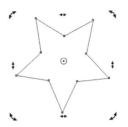

图 4-22　旋转星星

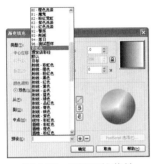

图 4-23　预设下拉菜单

图 4-24　参数设置

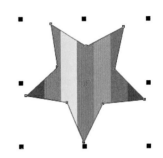

图 4-25　填充后效果

（4）右击调色板中的白色，为五彩星星添加轮廓线，轮廓宽度如图 4-26 所示，效果如图 4-27 所示。

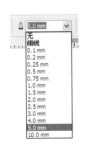

图 4-26　轮廓笔宽度设置

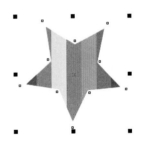

图 4-27　添加轮廓笔效果

（5）将星星移动到背景上，如图 4-28 所示，按快捷键 Ctrl+D 复制出多个星星，调整为不同的大小，改变其位置，利用上面的方法更改它们的轮廓线宽度，效果如图 4-29 所示。

图 4-28　放置一个星星效果

图 4-29　放置多个星星效果

（6）单击工具箱中的【贝塞尔工具】按钮，按住 Shift 键绘制直线，如图 4-30 所示，右击调色板中的白色，将轮廓线更改为白色，宽度设置如图 4-31 所示，效果如图 4-32 所示。

图 4-30　线条绘制位置

图 4-31　轮廓笔宽度设置

（7）按快捷键 Ctrl+D 再制出多条直线，改变其位置，利用上面的方法更改它们的轮廓线宽度，最终效果如图 4-33 所示。

图 4-32　更改轮廓笔颜色

图 4-33　最终效果

4.2.3　案例：广告条幅

知识点提示：本案例中主要介绍【矩形工具】、【椭圆形工具】、【渐变填充工具】命令的使用方法与相关知识。

1．案例效果

案例效果如图 4-34 所示。

图 4-34　广告条幅

2．案例制作流程

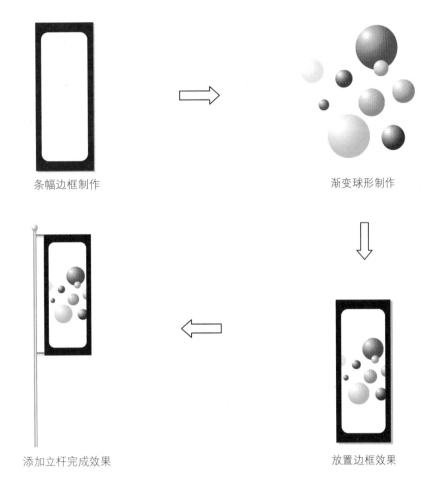

条幅边框制作　　　　　　　　　　　　　　　渐变球形制作

添加立杆完成效果　　　　　　　　　　　　　放置边框效果

3．案例操作步骤

（1）执行【文件】→【新建】命令，新建一个名称为"广告条幅"的文档，在弹出的【创建新文档】对话框中设置宽度为 80mm、高度为 200mm，原色模式为 CMYK，渲染分辨率为 300dpi，如图 4-35 所示。

（2）双击工具箱中的【矩形工具】按钮▣，绘制一个与页面大小相等的矩形，然后单击调色板中的黑色，为矩形填充黑色，如图 4-36 所示。

（3）单击【矩形工具】按钮▣，在属性栏 中设置，将其填充为白色，制作圆角矩形效果，放置在黑色矩形中，右击调色板中的按钮⊠，取消轮廓线，如图 4-37 所示。

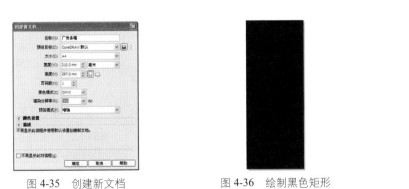

图 4-35　创建新文档　　　　　图 4-36　绘制黑色矩形　　　　　图 4-37　条幅边框制作

（4）单击工具箱中的【椭圆形工具】按钮◎，按住 Ctrl 键绘制正圆形，再选择【渐变填充工具】

按钮 , 【类型】选择为【辐射】, 参数设置如图 4-38 所示, 填充出立体圆球, 如图 4-39 所示。

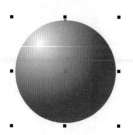

图 4-38　参数设置　　　　　　　　　　　　图 4-39　立体圆球制作

（5）单击【选择工具】按钮 选中立体圆球, 多次按快捷键 Ctrl+C、Ctrl+V, 复制并粘贴出多个立体圆球, 效果如图 4-40 所示。

（6）单击【选择工具】按钮 分别选中复制出的多个立体圆球, 调整为不同的大小, 然后单击【选择工具】按钮 拖动它们, 改变其位置, 效果如图 4-41 所示。

（7）单击【渐变填充工具】按钮 , 选择辐射渐变填充类型, 为每一个立体圆球更改不同的填充颜色, 如图 4-42 所示, 数值参考如图 4-43 至图 4-46 所示。

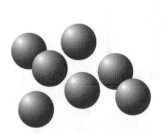

图 4-40　复制多个立体圆球　　　　图 4-41　更改大小后效果　　　　图 4-42　添加不同颜色渐变效果

图 4-43　【渐变填充】对话框　　　　　　　　图 4-44　【渐变填充】对话框

图 4-45　【渐变填充】对话框　　　　　　　　图 4-46　【渐变填充】对话框

（8）单击【选择工具】按钮框选所有的立体圆球，按快捷键 Ctrl+G，群组所有立体圆球，将其放置到制作好的条幅边框中，如图 4-47 所示。

（9）单击【矩形工具】按钮绘制一个矩形，单击【渐变填充工具】按钮，选择【线性】渐变填充类型将其填充为渐变色；如图 4-48 所示，参数设置如图 4-49 所示。

图 4-47　放置到条幅边框中效果　　　图 4-48　矩形渐变填充　　　图 4-49　参数设置

（10）单击【选择工具】按钮，按快捷键 Ctrl+D，再制一个矩形填充，利用同样方法绘制广告条幅杆，调整高度，放置如图 4-50 所示位置。

（11）单击工具箱中的【椭圆形工具】按钮，按住 Ctrl 键绘制正圆形，再单击【渐变填充工具】按钮，选择【辐射】渐变填充类型，参数设置如图 4-51 所示，绘制出立体圆球，如图 4-52 所示。

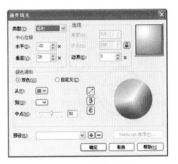

图 4-50　条幅杆制作　　　　　　　　　　　图 4-51　参数设置

（12）将圆球放置在立杆上部，广告条幅制作完成。最终效果如图 4-53 所示。

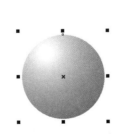

图 4-52　渐变圆球制作　　　　　　　　　图 4-53　添加立杆后最终效果

4.2.4　案例：音乐播放器按钮制作

知识点提示：本案例中主要介绍【矩形工具】、【椭圆形工具】、【渐变填充工具】命令的使用方法与相关知识。

1．案例效果

案例效果如图 4-54 所示。

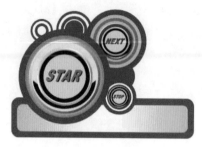

图 4-54　音乐播放器按钮制作

2．案例制作流程

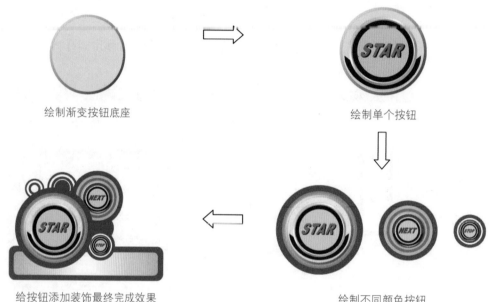

绘制渐变按钮底座

绘制单个按钮

给按钮添加装饰最终完成效果

绘制不同颜色按钮

3．案例操作步骤

（1）执行【文件】→【新建】命令，新建一个名称为"音乐播放器按钮"的文档，在弹出的【创建新文档】对话框中设置【大小】为 A4，【原色模式】为 CMYK，【渲染分辨率】为 300dpi，如图 4-55 所示。

（2）单击工具箱中的【椭圆形工具】按钮◎，按住 Ctrl 键绘制正圆形，如图 4-56 所示，再单击【渐变填充工具】按钮◎，选择【线性】渐变填充类型，参数设置如图 4-57 所示，绘制出渐变圆形。右击【调色板】按钮⊠，取消轮廓线，如图 4-58 所示。

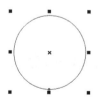

图 4-55　创建新文档

图 4-56　绘制圆形

图 4-57 参数设置

图 4-58 绘制渐变圆形

（3）单击工具箱中的【椭圆形工具】按钮◎，按住 Ctrl 键绘制一个小的正圆形，并将其填充为黄色，参数设置如图 4-59 所示，右击调色板按钮⊠，取消轮廓线，将其放置在渐变圆形上，如图 4-60 所示。

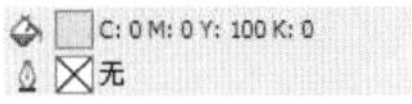

C: 0 M: 0 Y: 100 K: 0
⊠ 无

图 4-59 参数设置

图 4-60 添加黄色圆效果

（4）再次单击工具箱中的【椭圆形工具】按钮◎，按住 Ctrl 键绘制一个正圆形，然后在工具箱中单击【渐变填充工具】按钮◢，选择【辐射】渐变填充类型，将颜色设置为一种灰色系渐变，如图 4-61 和图 4-62 所示。

（5）单击工具箱中的【椭圆形工具】按钮◎，按住 Ctrl 键绘制一个正圆形，填充为黑色，单击【选择工具】按钮◺将其选中，右击鼠标，在弹出的快捷菜单中执行【转换为曲线】命令。单击工具箱中的【形状工具】按钮◺，将黑色圆形调整为半圆形，如图 4-63 所示。

图 4-61 参数设置

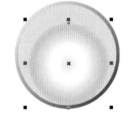

图 4-62 添加灰色渐变圆

图 4-63 绘制黑色装饰形

（6）单击工具箱中的【椭圆形工具】按钮◎，按住 Ctrl 键绘制一个正圆形，再单击【渐变填充工具】按钮◢，选择【线性】渐变填充类型，参数设置如图 4-64 所示，将颜色设置为一种灰色系渐变，绘制出渐变圆形。右击调色板按钮⊠，取消轮廓线，如图 4-65 所示。

（7）按快捷键 Ctrl+D，再制一个灰色系渐变圆形，按住 Shift 键，拖动角点将其等比例缩放并旋转 180 度，制作出边界的立体效果，如图 4-66 所示。

（8）单击工具箱中的【椭圆形工具】按钮◎，按住 Ctrl 键绘制一个正圆形，并将其填充为黑色；接着绘制浅灰色正圆，依次重叠，如图 4-67 所示。

图 4-64　参数设置

图 4-65　添加灰色渐变效果

图 4-66　再次添加灰色渐变效果

图 4-67　多次叠加圆形效果

（9）执行【文件】→【打开】命令，打开"按钮文字 .cdr"中的文字素材，放置在按钮上，如图 4-68 所示。

（10）以同样方法制作出其他颜色的按钮，如图 4-69 所示。

图 4-68　单个按钮绘制完成

图 4-69　不同颜色按钮绘制

（11）用上面所学方法制作如图 4-70 所示圆形按钮背景，参数设置如图 4-71、图 4-72 和图 4-73 所示，将按钮放置在圆形背景上，单击【选择工具】按钮将各组选中，按快捷键 Ctrl+G，【群组】各个按钮，如图 4-74 所示。

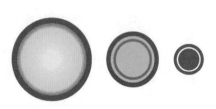

图 4-70　按钮背景绘制

图 4-71　参数设置

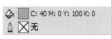

图 4-72　参数设置

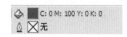

图 4-73　参数设置

（12）将做好的按钮调整到合适的大小及位置，调整前后顺序，适当添加装饰圆形，如图 4-75 所示。

图 4-74　按钮添加背景后效果　　　　　　　　图 4-75　添加装饰圆形后效果

（13）单击【矩形工具】按钮▢，在属性栏  中设置制作一个圆角矩形，填充参数如图 4-76 所示，效果如图 4-77 所示，按快捷键 Ctrl+D，再制一个圆角矩形，按 Shift 键，拖动角点将其等比例放大，填充颜色，如图 4-78 所示，右击调色板中的按钮⊠，取消轮廓线，如图 4-79 所示。

图 4-76　【渐变填充】对话框

图 4-77　圆角矩形绘制

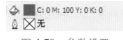

图 4-78　参数设置

图 4-79　矩形渐变条绘制

（14）将圆角矩形放置到按钮组下面，最终效果如图 4-80 所示。

图 4-80　添加装饰后按钮最终效果

4.3　本章小结

本章主要介绍了对象轮廓的设置，包括设置轮廓颜色、轮廓宽度以及转角样式和箭头样式等。还介绍了一般封闭图形对象的填充，包括标准填充、渐变填充、图样填充、底纹填充以及交互式网状填充。通过本章的学习，读者应掌握设置对象轮廓属性的方法，并能熟练地为对象填充所需的颜色。

4.4　拓展练习

根据本章所学工具绘制插图，效果如图 4-81 所示。

图 4-81　拓展练习效果图

4.5　思考与练习

一、填空题

1．【填充工具组】包括均匀填充、_____、图样填充、_____、PostScript 填充、无填充、彩色。

2．设计一个立体的球形填充用 _____ 类型的填充模式。

3．渐变填充类型主要包括线性渐变、_____、_____、方角渐变模式。

4．图样填充的样式包括 _____ 图样填充、_____ 图样填充和 _____ 图样的填充。

二、选择题

1．CorelDRAW 的渐变过程所选中的渐变类型有（　　）。

　　A．圆形、散形、弧形、方角　　　　　　　B．线性、圆锥、射线、方角

　　C．辐射、方形、圆锥、线性　　　　　　　D．反射、圆锥、线性、方角

2．CorelDRAW 中，（　　）语言是用脚本设计的。

　　A．交互式网状填充　　　　　　　　　　　B．交互式填充工具

　　C．纹理填充　　　　　　　　　　　　　　D．PostScript 填充

3．在 CorelDRAW 中，将边框色设为"无"的意思是（　　）。

　　A．删除边框　　　　B．边框透明　　　　C．边框为纸色　　　D．边框宽度为 0

4．在使用调色板填色时，用鼠标（　　）可以对物体内部填充颜色，使用（　　）键可以改变轮廓色。

　　A．左键　　　　　　　　B．右键

三、思考题

举例说明交互式网状填充工具的作用。

第5章 排列与组合

教学目标：

CorelDRAW 提供了多个命令、工具来排列和组合图形对象。本章将主要介绍排列和组合对象的功能以及相关的技巧。通过本章内容的学习，可以使设计者自如地排列和组合绘图中的图形对象，轻松完成制作任务。

重点难点：

【对齐】、【分布】、【群组】、【合并】、【造形】、【辅助线】、【标尺】、【顺序】的操作与应用。

5.1 相关知识

本节中主要讲解多个对象的对齐和分布；网格和辅助线、标尺的设置和使用；对象的排序等相关知识。

5.1.1 对齐与分布对象

选中多个对象后，单击【排列】→【对齐和分布】命令，也可直接单击属性栏中的【对齐和分布】按钮，或按快捷键 Ctrl+Shift+A 键即可打开【对齐与分布】对话框。

5.1.2 对象造形

【对象造形】包括 7 种样式：【合并】、【修剪】、【相交】、【简化】、【前减后】、【后减前】、【边界】。

1. 合并：可以将选取的多个对象焊接为一个对象，焊接后的对象的属性和底层对象相同。
2. 修剪：可以对选取对象中最底层的对象进行修剪。
3. 相交：可以在选取对象相交处创建一个新对象，同时原有的所有对象都被保留。
4. 简化：除了选取对象中最上层的对象保留原有形状外，其余对象都被修剪掉了。
5. 前减后：顶层的对象被底层的对象修剪，原有的对象被删除。
6. 后减前：底层的对象被顶层的对象修剪，原有的对象被删除。
7. 边界：可以在选取对象边缘处创建一个新对象，同时原有的所有对象都被保留。

5.1.3 群组、合并、拆分

【群组】用于将多个对象绑定在一起，当成一个整体来处理。群组快捷键为 Ctrl+G，取消群组快捷键为 Ctrl+U。

【合并】可以把不同的对象合并在一起，完全变为一个新的对象。快捷键为 Ctrl+L。

对于组合后的对象，可以通过【拆分】功能命令来取消对对象的组合。快捷键为 Ctrl+K。

5.1.4 对象的顺序

单击【排列】→【顺序】命令，在子菜单中包括多种不同的命令，如【到页面前面】、【到页面后面】、【到图层前面】、【到图层后面】、【向前一层】、【向后一层】、【置于此对象前】、【置于此对象后】、【逆序】等。

5.1.5 网格和辅助线、标尺

1. 网格和辅助线的设置和使用

辅助线：在 CorelDRAW 中可以由标尺处拖出任意条导线，让你确定对象的相对位置，安排图形和确定其大小。在绘图页面的标尺上单击鼠标右键，弹出快捷菜单，在菜单中选择【栅格设置】命令，弹出【选项】对话框，可设置网格。

选择【视图】→【辅助线】命令，或使用鼠标右键单击标尺，弹出快捷菜单，在其中选择【辅助线设置】命令，弹出【选项】对话框，也可设置辅助线。

选择【视图】→【贴齐】→【贴齐网格】命令，或单击【贴齐】按钮，在弹出的下拉列表中选择【贴齐网格】选项，或按 Ctrl+Y 组合键。再选择【视图】→【网格】命令，在绘图页面中设置好网格，在移动图形对象的过程中，图形对象会自动对齐到网格、辅助线或其他图形对象上。

选择【视图】→【贴齐】→【贴齐辅助线】命令，或单击【贴齐】按钮，在弹出的下拉列表中选择【贴齐辅助线】选项，可使图形对象自动对齐辅助线。

选择【视图】→【贴齐】→【贴齐对象】命令，或单击【贴齐】按钮，在弹出的下拉列表中选择【贴齐对象】选项，或按 Alt+Z 组合键，使两个对象的中心对齐重合。

2. 标尺的设置和使用

选择【视图】→【标尺】命令，可以显示或隐藏标尺。将鼠标的光标放在标尺左上角的图标上，单击按住鼠标左键不放并拖拽光标，出现十字虚线的标尺定位线。在需要的位置松开鼠标左键，可以设定新的标尺坐标原点。双击图标，可以将标尺还原到原始的位置。

3. 标注线的绘制

选择【平行度量】工具，弹出其属性栏。在工具栏中共有 5 种标注工具，它们从上到下依次是【平行度量】工具、【水平或垂直度量】工具、【角度量】工具、【线段度量】工具、【3 点标注】工具。

5.2 课堂案例

5.2.1 案例：精美吊牌卡片设计

知识点提示：本案例中主要使用【选择工具】、【矩形工具】、【椭圆形工具】、【渐变填充工具】、【排列】、【轮廓笔工具】 📝、【修剪】、【相交】、【贝塞尔工具】 📝、【多边形工具】 📐、【手绘工具】 📝、【顺序】的相关知识绘制。

1. 案例效果

案例效果如图 5-1 所示。

图 5-1　精美吊牌卡片

2. 案例制作流程

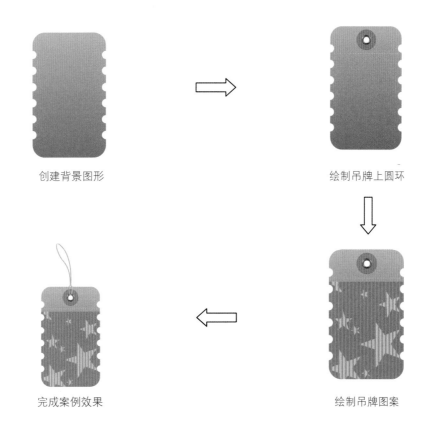

创建背景图形　　　　　　　　　　　　　　绘制吊牌上圆环

完成案例效果　　　　　　　　　　　　　　绘制吊牌图案

3. 案例操作步骤

执行【文件】→【新建】命令，新建一个名称为"精美吊牌卡片"纵向文档如图 5-2 所示。选择工具箱【矩形工具】按钮 ▢，在绘图页面内创建一个矩形，如图 5-3 所示。

（1）选中【形状工具】 ⬙ 通过拖动矩形边角节点改变矩形圆滑程度，完成圆角如图 5-4 所示，设置属性栏圆角参数 ▢ ▢ 〔11.0 mm〕〔11.0 mm〕〔11.0 mm〕〔11.0 mm〕。

图 5-2　创建文档

图 5-3　绘制矩形

（2）选择【椭圆形工具】按钮◎，在圆角矩形右侧绘制正圆，如图 5-5 所示，选择正圆，执行菜单栏【排列】→【变换】→【位置】命令，设置适当数值执行【应用】命令复制出多个正圆，然后圈选所有的正圆，执行【群组】命令，如图 5-6 所示，将右侧的正圆执行【复制】→【粘贴】命令后移到左侧，圈选两侧正圆执行【排列】→【对齐和分布】→【顶端对齐】命令，如图 5-7 所示。使用【选择工具】将正圆与圆角矩形【全选】执行属性栏中【修剪】命令，效果如图 5-8 所示。

图 5-4　绘制圆角

图 5-5　绘制一个正圆

图 5-6　复制正圆　　　　　　图 5-7　复制正圆　　　　　　图 5-8　修剪后效果

（3）选择【填充工具】按钮◇执行【渐变填充】，颜色设置如图 5-9 所示，完成效果如图 5-10 所示。

图 5-9　渐变设置

图 5-10　填充渐变

（4）选择【椭圆形工具】按钮◎，按 Ctrl 键绘制正圆并填充颜色，如图 5-11 和图 5-12 所示，再绘制正圆并填充颜色，如图 5-13 和图 5-14 所示。

（5）选择工具箱【矩形工具】绘制细条矩形并填充颜色，如图 5-15 和图 5-16 所示，执行菜单栏【排列】→【变换】→【位置】命令，设置适当数值执行【应用】命令，复制出多个细条，然后执行【全选】→【群组】命令，如图 5-17 和图 5-18 所示。

图 5-11　绘制正圆

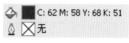

图 5-12　参数设置

图 5-13　绘制正圆

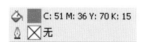

图 5-14　参数设置

图 5-15　绘制细条

图 5-17　【变换】位置参数设置

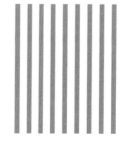

图 5-18　完成条纹

C: 47 M: 32 Y: 70 K: 0
无

图 5-16　参数设置

（6）使用【选择工具】按钮选择灰绿色正圆，右击鼠标执行【顺序】→【置于此对象前】命令，如图 5-19 所示，出现黑色箭头光标，单击条纹，将正圆放在条纹中间位置，然后圈选执行属性栏中【相交】命令，条纹剪裁效果如图 5-20 所示，将绘制的条纹执行【顺序】命令将其置于最上方，选中两个正圆与条纹执行【全选】→【排列】→【对齐和分布】→【垂直居中对齐】→【群组】命令，效果如图 5-21 所示。

图 5-19　执行置于此对象前命令

图 5-20　剪裁条纹效果

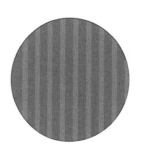

图 5-21　吊牌扣图案

（7）选择【椭圆形工具】按钮◎，按 Ctrl 键绘制正圆并填充渐变颜色，如图 5-22 和图 5-23 所示，再按快捷键 Ctrl+C 和 Ctrl+V 复制正圆，选择正圆后按快捷键 Ctrl+Shift 缩小同心圆并填充颜色，渐变填充设置如图 5-24 所示，完成效果如图 5-25 所示。

图 5-22　设置渐变颜色

图 5-23　完成填充

图 5-24　设置渐变颜色

图 5-25　完成填充

（8）选择【椭圆形工具】◎在正圆中心拖动鼠标同时按快捷键 Ctrl+Shift 绘制小同心圆并填充颜色，颜色设置如图 5-26 所示，效果如图 5-27 所示。

图 5-26　颜色设置

图 5-27　完成填充

（9）使用【椭圆形工具】◎绘制小于上面正圆的椭圆，执行【编辑】→【复制属性】命令，弹出【复制属性】对话框，选择【轮廓笔】和【填充】选项后单击【确定】按钮，如图 5-28 所示，出现黑色箭头光标，单击要复制属性的图像，如图 5-29 所示，完成效果如图 5-30 所示。

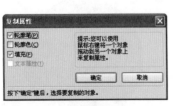

图 5-28　设置复制属性

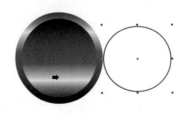

图 5-29　复制属性

图 5-30　完成效果

（10）选择【椭圆形工具】◎在正圆中心拖动鼠标同时按快捷键 Ctrl+Shift 绘制小同心圆并填充白

色，完成效果如图 5-31 所示。圈选吊牌扣图案和吊牌扣，执行【排列】→【对齐和分布】→【垂直居中对齐】→【水平居中对齐】→【群组】命令，如图 5-32 所示。

图 5-31　绘制正圆、填充白色

图 5-32　完成吊牌扣

（11）选择【轮廓笔工具】按钮，弹出【轮廓笔】对话框，修改样式、宽度如图 5-33 所示，使用【贝塞尔工具】在扣的下方绘制线段，效果如图 5-34 所示。

图 5-33　轮廓笔设置

图 5-34　绘制线段

（12）使用【矩形工具】绘制矩形，执行【均匀填充】命令，参数设置如图 5-35 所示，将矩形置于吊牌底部执行【相交】命令，如图 5-36 所示。选择【矩形工具】绘制细条矩形并填充颜色，执行菜单栏【排列】→【变换】→【位置】命令，设置适当数值多次执行【应用】命令，复制出多个细条，然后圈选细条执行【群组】命令，如图 5-37、图 5-38 和图 5-39 所示。

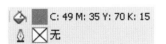
图 5-35　设置参数

图 5-36　相交效果

图 5-37　变换设置参数

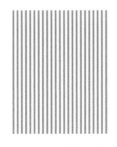
图 5-38　条纹图案

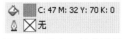
图 5-39　颜色、轮廓设置

（13）使用【选择工具】按钮 ▣选择灰绿色锯齿图像，右击鼠标执行【顺序】→【置于此对象前】命令，如图 5-40 所示，将锯齿图像移到条纹适当位置圈选执行【相交】命令，删除多余图像，如图 5-41 所示。

（14）选择【多边形工具】 ▣在属性栏 ◎ 5 设置参数，绘制大小、方向不同的五星，圈选所有五星执行【群组】命令，效果如图 5-42 所示，参数设置如图 5-43 所示，选择五星与锯齿图形执行【相交】命令，再选择五星，右击鼠标执行【顺序】→【置于此对象后】命令，出现黑色箭头光标后单击条纹，圈选所有图形执行【排列】→【对齐和分布】→【垂直居中对齐】 ⊞命令，完成吊牌设计如图 5-44 所示。

（15）选择【手绘工具】 ▣绘制吊牌上面的细线，颜色填充 CMYK 值设置为：10、14、55、0，效果如图 5-45 所示，将其复制后填充颜色 CMYK 值设置为：44、40、76、0，调整前后位置，效果如图 5-46 所示，同样方法绘制上面的长线，如图 5-47 所示，完成案例设计效果如图 5-48 所示。

图 5-40 锯齿图像移到条纹前

图 5-41 条纹完成相交

图 5-42 绘制五星图形

图 5-43 设置参数

图 5-44 完成吊牌设计

图 5-45 绘制短线

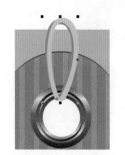

图 5-46 复制短线改变颜色

图 5-47 绘制长线

图 5-48 完成案例

5.2.2 案例：笔记本

知识点提示：本案例中主要介绍【矩形工具】 ▣、【椭圆形工具】 ◎、【弧形】、【转换为曲线】 ◎、【贝塞尔工具】⬚、【形状工具】⬚、【基本形状工具】⬚、【排列】、【轮廓笔工具】⬚的使用方法与相关知识。

1. 案例效果

案例效果如图 5-49 所示。

图 5-49　完成案例

2. 案例制作流程

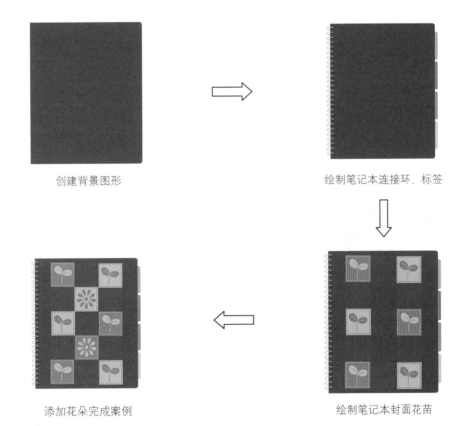

创建背景图形　　　　　　　　　　　绘制笔记本连接环、标签

添加花朵完成案例　　　　　　　　　绘制笔记本封面花苗

3. 案例操作步骤

（1）执行【文件】→【新建】命令，新建一个名称为"笔记本"的纵向文档，如图 5-50 所示。使用【矩形工具】⬚在绘图页面内创建一个宽为 130mm、高为 160mm 的矩形，如图 5-51 所示，选择【形状工具】⬚执行属性栏中【圆角】⬚，单击⬚解锁，设置其他参数⬚，完成圆角效果如图 5-52 所示。

图 5-50　创建文档

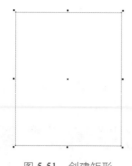

图 5-51　创建矩形

图 5-52　圆角效果

（2）选择【填充工具】，执行【均匀填充】命令，弹出【均匀填充】对话框，设置颜色单击【确定】按钮完成填充，效果如图 5-53 所示，参数设置如图 5-54 所示。

图 5-53　填充背景颜色

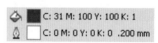

图 5-54　参数设置

（3）选择【椭圆形工具】绘制笔记本孔眼，再执行菜单栏【排列】→【变换】→【位置】命令，设置 Y 轴数值多次按【应用】按钮，完成效果如图 5-55 所示，然后选择【椭圆形工具】属性栏中的【弧】，设置宽 9mm、高 3.8mm，起始 0°、结束 270°，轮廓宽度 0.5mm，如图 5-56 所示，使用【选择工具】，将圆环移到孔眼适当的位置并填充颜色，效果如图 5-57 所示，设置数值如图 5-58 所示，执行【排列】→【变换】→【位置】命令，完成连接环的绘制，效果如图 5-59 所示。

图 5-55　绘制笔记本孔眼

图 5-56　绘制笔记本连接环

图 5-57　填充圆环颜色

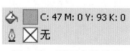

图 5-58　圆环参数设置

图 5-59　完成连接环

（4）使用【矩形工具】□与【形状工具】□调整圆角并填充颜色、绘制标签，标签 1 设置颜色 RGB 数值为：20、198、41，去除轮廓线，效果如图 5-60 所示，标签 2 设置颜色 CMYK 数值为：0、77、83、0，去除轮廓线，效果如图 5-61 所示，标签 3 设置颜色 CMYK 数值为：77、22、5、0，去除轮廓线，效果如图 5-62 所示，标签 4 设置颜色 CMYK 数值为：13、5、91、0，去除轮廓线，效果如图 5-63 所示。

图 5-60　绘制标签 1

图 5-61　绘制标签 2

图 5-62　绘制标签 3

（5）使用【选择工具】□将标签 1、2、3、4 纵向排列，执行【排列】→【对齐和分布】→【垂直居中对齐】□命令，按快捷键 Ctrl+G 群组再右击鼠标执行【顺序】→【置于此对象后】命令，出现黑色箭头光标单击笔记本背景，效果如图 5-64 所示。

图 5-63　绘制标签 4

图 5-64　完成笔记本基本形绘制

（6）使用【矩形工具】□绘制细条矩形，执行【均匀填充】命令，效果如图 5-65 所示，参数设置如图 5-66 所示，执行菜单栏【排列】→【变换】→【位置】命令，设置适当数值多次按【应用】按钮，复制出多个细条，然后圈选细条执行【群组】命令，如图 5-67 所示。

图 5-65　绘制细条

图 5-66　参数设置

图 5-67　绘制条纹

（7）使用【矩形工具】□按 Ctrl 键绘制正方形并填充粉色，如图 5-68 所示，按快捷键 Ctrl+Shift 再绘制一正方形，选择【轮廓笔工具】□执行【轮廓笔】命令，弹出【轮廓笔】对话框，具体设置如图 5-69 所示，设置颜色 CMYK 数值为：0、77、53、0，效果如图 5-70 所示。

（8）使用【选择工具】 选择图 5-68 的正方形，按快捷键 Ctrl+C 和 Ctrl+V 复制粘贴，填充颜色 CMYK 数值为：0、77、53、0，如图 5-71 所示，按快捷键 Ctrl+Shift 再绘制一正方形，选择【轮廓笔工具】 执行【轮廓笔】命令，弹出【轮廓笔】对话框，具体设置如图 5-72 所示，在调色板中选【粉色】，效果如图 5-73 所示。

图 5-68　绘制正方形

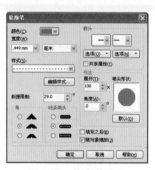

图 5-69　轮廓笔设置

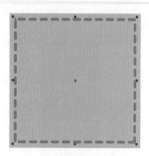

图 5-70　完成浅色方框效果

图 5-71　绘制正方形

图 5-72　轮廓笔设置

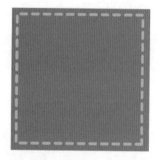

图 5-73　完成深色方框效果

（9）选择【椭圆形工具】 绘制椭圆形，在属性栏中执行【转换为曲线】 命令，调整虚线上的节点，效果如图 5-74 所示，再使用【贝塞尔工具】 绘制花苗颈与叶脉，效果如图 5-75 所示，将花苗分别填充 CMYK 颜色数值为：0、77、53、0 与粉色，圈选图形执行【群组】命令，完成效果如图 5-76 和图 5-77 所示。

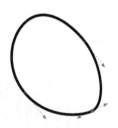

图 5-74　绘制花苗瓣

图 5-75　完成花苗

图 5-76　完成花苗图案 1

图 5-77　完成花苗图案 2

（10）复制花苗图案 1、图案 2 多个，使用【选择工具】 将条纹与花苗图案调整大小一致，分别执行【排列】→【对齐和分布】命令，完成效果如图 5-78 所示。

（11）选择【基本形状工具】按钮 ，属性栏中选择【完美形状】中的水滴形状，如图 5-79 所示，绘制并填充颜色如图 5-80 所示，属性设置如图 5-81 所示。

图 5-78　绘制花苗图案　　　　图 5-79　完美形状　　　　图 5-80　绘制水滴形状　　　　图 5-81　属性设置

（12）单击水滴形中心，图标变成圆形，将圆形中心图标下移，如图 5-82 所示，执行菜单栏【排列】→【变换】→【旋转】命令，设置参数如图 5-83 所示，圈选花瓣按快捷键 Ctrl+G，完成效果如图 5-84 所示。

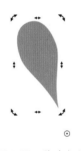

图 5-82　移动中心　　　　　　图 5-83　设置旋转　　　　　　图 5-84　绘制花瓣

（13）选择【椭圆形工具】 按 Ctrl 键绘制正圆，移到花瓣中心，圈选花朵按快捷键 Ctrl+G，如图 5-85 所示，复制花朵填充粉色，分别复制浅色、深色方框，将花朵移到中间执行【排列】→【对齐和分布】命令，效果如图 5-86 和图 5-87 所示。

（14）将花朵图案 1、图案 2 移到笔记本图案适当的位置，完成案例最后效果如图 5-88 所示。

图 5-85　完成花朵绘制　　　图 5-86　完成花朵图案 1　　　图 5-87　完成花朵图案 2　　　图 5-88　完成案例设计效果

5.2.3　案例：一室两厅一卫户型图

知识点提示：本案例中主要介绍【辅助线】、【标尺】、【对齐和分布】、【矩形工具】 、【渐变工具】、【文本工具】字、【导入】、【群组】的使用方法与相关知识。

1．案例效果

案例效果如图 5-89 所示。

图 5-89　完成案例

2．案例制作流程

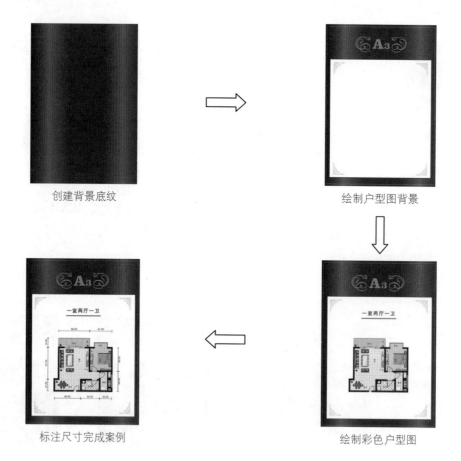

创建背景底纹　　　　　　　　　　　　绘制户型图背景

标注尺寸完成案例　　　　　　　　　　绘制彩色户型图

3．案例操作步骤

（1）按快捷键 Ctrl+N，新建一个名称为"一室两厅一卫户型图"的纵向文档，宽度为 210mm，高度为 297mm，如图 5-90 所示，双击工具箱【矩形工具】按钮回，在绘图页面内创建一个与页面大小一致的矩形，如图 5-91 所示。

图 5-90 设置页面大小

图 5-91 创建矩形

（2）选择工具箱中【填充】◎工具执行【渐变填充】命令，弹出【渐变填充】对话框，渐变【类型】选择【线性】，【颜色调和】选择【自定义】，如图 5-92 所示，添加渐变效果如图 5-93 所示。

图 5-92 设置渐变

图 5-93 添加渐变效果

（3）选择【矩形工具】◻在页面背景中再绘制矩形，使用【选择工具】◿圈选背景，执行【排列】→【对齐和分布】→【垂直居中对齐】命令，效果如图 5-94 所示，边框参数设置如图 5-95 所示。同样再绘制矩形，执行【排列】→【对齐和分布】→【垂直居中对齐】命令，效果如图 5-96 所示，参数设置如图 5-97 所示。

图 5-94 添加矩形边框

图 5-95 边框参数设置

图 5-96 绘制背景内部矩形

图 5-97 内部矩形参数设置

（4）使用【文本工具】字添加字母，在属性栏中选择【文本属性】Ⓐ调整合适的字体并设置文字大小、颜色，效果如图 5-98 所示，参数设置如图 5-99 所示。

图 5-98　添加文字

图 5-99　文字参数设置

（5）执行菜单栏【文件】→【导入】命令，弹出【导入】对话框，选择要导入的【古典花边】文件后单击【导入】按钮，再使用【选择工具】将花边放在字母两边，调整大小、位置，如图 5-100 所示，将边角花边导入后执行【复制】→【镜像】命令，调整大小、位置，如图 5-101 所示。

（6）选择【矩形工具】在页面中绘制细条矩形，填充调色板中"宝石红"颜色，再使用【文本工具】添加文字，在属性栏中选择【文本属性】，调整合适的字体并设置文字大小、颜色，其 CMYK 值为：65、98、99、64，如图 5-102 所示，矩形状态栏参数如图 5-95 所示。

图 5-100　为字母添加花边　　　　　图 5-101　为内部矩形添加花边　　　　　图 5-102　添加文字

（7）执行菜单栏【文件】→【导入】命令，弹出【导入】对话框，选择要导入【户型图】文件后单击【导入】按钮，导入户型图如图 5-103 所示，再分别导入地面素材，使用【形状工具】右击鼠标执行【添加】命令，添加节点调整地面素材，将地面素材添加到户型图，效果如图 5-104 所示。

图 5-103　户型图　　　　　　　　　图 5-104　添加地面素材

（8）继续执行【导入】命令，导入【室内陈设素材】与【植物】，如图 5-105 所示，完成客厅布置如图 5-106 所示，再分别导入厨房、卫生间、卧室素材，效果如图 5-107、图 5-108 和图 5-109 所示。

（9）使用【选择工具】圈选完成的彩色户型图，执行【群组】命令，再使用【选择工具】圈选全部，执行【排列】→【对齐和分布】→【垂直居中对齐】命令，按快捷键 Ctrl+G 执行【群组】命令，效果如图 5-111 所示。

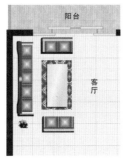

图 5-105　导入素材

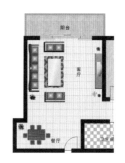

图 5-106　完成客厅布置效果

图 5-107　完成厨房效果

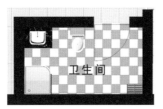

图 5-108　完成卫生间效果

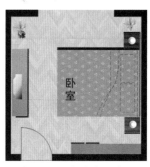

图 5-109　完成卧室效果

图 5-110　完成彩色户型图

图 5-111　户型图效果

（10）按快捷键 Ctrl+J 弹出【选项】对话框，选择【辅助线】→【水平】命令，在【水平】面板中【文字框中】设置数值后单击【添加】按钮，在页面中添加水平辅助线，依次添加完成后单击【确定】按钮，水平辅助线参数设置如图 5-112 所示，垂直辅助线设置如图 5-113 所示。

图 5-112　水平辅助线设置

图 5-113　垂直辅助线设置

（11）选择【平行度量】工具，属性栏 设置参数，选择【文本工具】[字]在属性栏 [O Arial] [12 pt] 中设置参数，在户型图设置辅助线的相应处单击要测量线条的开始点，然后拖动至度量线的终点，松开鼠标后沿着垂直方向移动，在放置尺寸文本位置单击鼠标完成度量，完成户型图度量，效果如图 5-114、图 5-115 和图 5-116 所示，再执行【视图】→【辅助线】命令隐藏辅助线，完成本案例的设计，效果如图 5-117 所示。

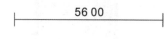

图 5-114　平行度量阳台

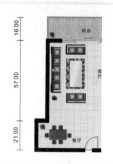

图 5-115　度量客厅

图 5-116　完成户型图度量

图 5-117　完成案例

5.2.4　案例：购物纸袋

知识点提示：本案例中主要介绍【渐变填充工具】、【矩形工具】[囗]、【椭圆工具】[○]、【对齐与分布】、【贝塞尔工具】[↘]、【艺术笔】、【星形工具】[☒]、【变换】、【顺序】、【辅助线】、【贴齐】的使用方法与相关知识。

1. 案例效果

案例效果如图 5-118 所示。

图 5-118　完成案例

2．案例制作流程

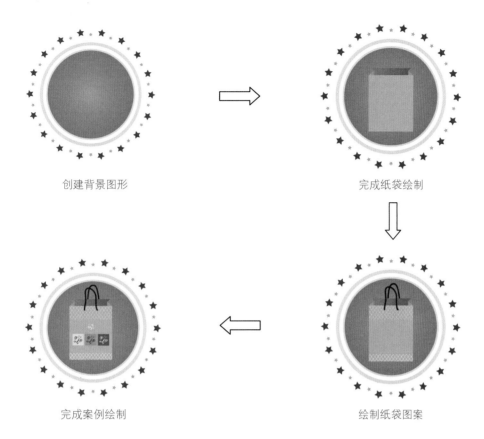

创建背景图形　　　　　　　　　　　　完成纸袋绘制

完成案例绘制　　　　　　　　　　　　绘制纸袋图案

3．案例操作步骤

（1）执行【文件】→【新建】命令，新建一个名称为"购物纸袋"的宽为 210mm、高为 210mm 的文档，文档设置如图 5-119 所示，选择【椭圆形工具】按钮◎，在页面中按 Ctrl 键绘制正圆，大小参数设置为 ▦ 105.0 mm／105.0 mm｜107.0 mm／107.0 mm，正圆如图 5-120 所示，轮廓笔设置如图 5-121 所示，颜色 CMYK 数值为：27、0、26、0，完成效果如图 5-122 所示。

图 5-119　文档设置

图 5-120　设置圆形

图 5-121　轮廓笔设置

图 5-122　完成正圆

（2）再选择【椭圆形工具】按钮◎绘制同心圆如图 5-123 所示，轮廓线颜色 CMYK 值为：27、0、26、0，选择工具箱中【渐变填充工具】，渐变【类型】选择【辐射】，【颜色调和】选择【自定义】，自定义渐变填充，效果如图 5-124 所示，设置参数如图 5-125 所示。

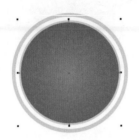

图 5-123　绘制同心圆　　　　　　　图 5-124　填充渐变颜色　　　　　　　图 5-125　渐变设置

（3）选择【星形工具】◎，设置属性栏中点数或边数为 5，绘制五角星，再使用【现状工具】◎选择五星内角节点向外拖动，填充颜色，如图 5-126 所示，属性设置如图 5-127 所示。

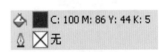

图 5-126　绘制五角星复制花朵　　　　　　　　　图 5-127　属性设置

（4）选五角星执行【复制】→【粘贴】→【缩小】命令，填充颜色效果如图 5-128 所示，属性设置如图 5-129 所示。

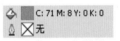

图 5-128　绘制小五角星　　　　　　　　　图 5-129　属性设置

（5）使用【选择工具】◎单击大五角星后中心变成圆形图标，移动圆形图标后执行菜单栏【排列】→【变换】→【旋转】命令，效果如图 5-130 所示，设置参数如图 5-131 所示，用同样方法旋转复制小五星，效果如图 5-132 所示，完成背景图形效果如图 5-133 所示。

图 5-130　旋转复制大五星　　　　　　　　　图 5-131　设置参数

图 5-132 旋转复制小五星

图 5-133 完成背景图形

(6) 使用【矩形工具】■绘制矩形并填充颜色，如图 5-134 所示，颜色设置如图 5-135 所示。选择【贝塞尔工具】■绘制矩形上三角形并填充颜色，如图 5-136 所示，属性设置如图 5-137 所示，继续绘制图形如图 5-138 所示，图形属性设置如图 5-139 所示。

图 5-134 绘制矩形

图 5-135 颜色设置

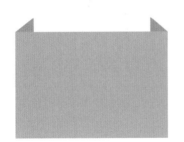

图 5-136 绘制矩形上三角形

图 5-137 属性设置

图 5-138 绘制图形

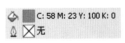

图 5-139 属性设置

(7) 使用【贝塞尔工具】■继续绘制纸袋图形，如图 5-140 所示，执行【渐变填充】命令添加颜色，设置参数如图 5-141 所示。选择【手绘工具】■绘制纸袋上面的绳子，轮廓线颜色设置 CMYK 值为：87、70、100、62，效果如图 5-142 所示。

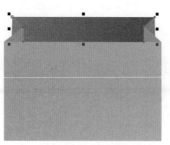

图 5-140　绘制图形　　　　　　图 5-141　渐变填充设置　　　　　图 5-142　绘制纸袋绳子

（8）使用【贝塞尔工具】 绘制线段，如图 5-143 所示，然后执行菜单栏【排列】→【变换】→【位置】命令，变换位置设置如图 5-144 所示，复制后效果如图 5-145 所示，执行【复制】→【垂直镜像】命令，效果如图 5-146 所示，轮廓线颜色填充白色如图 5-147 所示，用同样方法绘制下面网格，如图 5-148 所示。

图 5-143　绘制线段　　　　　　　图 5-144　位置设置　　　　　　　图 5-145　位置复制

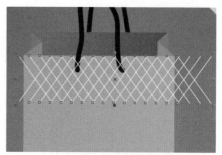

图 5-146　垂直镜像效果　　　　　　　　　　　　　图 5-147　改变颜色

（9）选择【矩形工具】 按 Ctrl 键同时绘制正方形，如图 5-149 所示，属性设置如图 5-150 所示。

图 5-148　完成纸袋网格绘制　　　　　图 5-149　绘制正方形　　　　　　图 5-150　属性设置

（10）使用【艺术笔工具】 绘制蝴蝶翅膀，如图 5-151 所示，属性设置如图 5-152 所示，继续使用【艺术笔工具】 和【形状工具】 绘制蝴蝶身体与触角，如图 5-153 所示，使用【椭圆工具】 添加蝴蝶身体图案，如图 5-154 所示。

（11）圈选蝴蝶与正方形执行【排列】→【对齐和分布】→【垂直居中对齐】→【水平居中对齐】命令，效果如图 5-155 所示，将图案 1 按快捷键 Ctrl+C 复制，两次执行 Ctrl+V 快捷键，重新设置颜色完成图案 2、图案 3，效果如图 5-156 和图 5-159 所示，属性设置如图 5-157、图 5-158、图 5-160 和图 5-161 所示。分别圈选图案 1、图案 2、图案 3，按快捷键 Ctrl+G 进行群组。

图 5-151　绘制蝴蝶翅膀

图 5-152　属性设置

图 5-153　绘制蝴蝶身体、触角

图 5-154　绘制翅膀图案

图 5-155　完成图案 1

图 5-156　完成图案 2

图 5-157　正方形属性设置

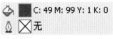

图 5-158　蝴蝶属性设置

图 5-159　完成图案 3

图 5-160　正方形属性设置

图 5-161　蝴蝶属性设置

（12）使用【选择工具】将图案 1、图案 2、图案 3 执行【顺序】→【置于此对象前】命令，将图案移置纸袋上，按 Shift 键全选图案 1、图案 2、图案 3 执行【排列】→【对齐和分布】→【顶端对齐】命令，再次复制蝴蝶，填充白色，置于图案上面，效果如图 5-162 所示，全选纸袋按快捷键 Ctrl+G 群组，完成本案例的设计如图 5-163 所示。

图 5-162　完成纸袋蝴蝶图案设计

图 5-163　完成案例

5.3　本章小结

　　本章主要讲述了 CorelDRAW 软件中【排列】和【组合】的使用方法与相关知识，并根据本章重点内容量身绘制了多个案例，通过这些内容的学习，可以在设计中自如地排列和组合对象来提高效率，使整体设计元素的布局和组织更加合理。

5.4　拓展练习

　　综合运用绘制、编辑图像工具和排列组合功能设计一个打开的笔记本，效果如图 5-164 所示。

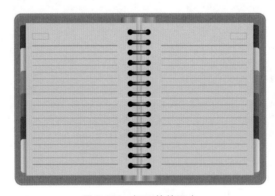

图 5-164　打开的笔记本

5.5　思考与练习

　　一、填空题

　　1. 对象造形样式包括 _____、_____、_____、_____、_____、_____、7 种样式。

　　2. 设置图形的对齐方式，需选择 _____ 菜单 _____ 命令。

二、选择题

1．可以将几个不同对象融合到一起成为一个新对象的命令是（　　　）。

　　A．合并　　　　　　　　B．修剪　　　　　　C．相交　　　　　　　D．简化

2．修剪、合并、相交中的"来源对象"是指（　　　）。

　　A．先选中的对象　　　　　　　　　　B．后选中的对象

　　C．同时选中的对象　　　　　　　　　D．以上都不对

3．删除页面辅助线的方法有（　　　）。

　　A．双击辅助线在辅助设置面板中选删除命令

　　B．在所要删除的辅助线上单击右键选择删除命令

　　C．左键选中所要删除的辅助线并按 Del 键

　　D．右键选中所要删除的辅助线并按 Del 键

三、简答题

1．简述群组对象与对象的组合有什么异同？

2．如何排列图形顺序？

3．使对象整齐排列，可用的方法是什么？

第6章　编辑文本

平面设计的基本元素是图形、文字和色彩，文字的作用是任何元素也不能替代的，它能直观表达思想，反映诉求信息，让人一目了然。CorelDRAW 具备强大的文本处理功能，可以创建出各种文字效果。本章节主要介绍文本的处理方法，包括创建文本、设置文本属性及编辑文本，段落文本的输入及编辑等。

重点难点：

文本创建、文本编辑、段落文本特殊效果的各种操作技法。

6.1　相关知识

在 CorelDRAW 中，文本分为美术文本和段落文本两种类型，美术文本实际上是指单个的文字对象，可以作为单独的图形对象来使用，因此可以使用处理图形的方法为其添加特殊效果。段落文本是建立在美术文本模式基础上的大块区域的文本，适合大段文本的编排。

6.1.1　文本的基本操作

1. 创建文本

（1）美术文本的创建。

在 CorelDRAW 中，单击【文本工具】按钮并直接键入文字，即可创建美术文本。对普通的文字应用特殊的图形效果后也可称为美术文本，对美术文本设定特殊效果，也可以像处理其他图形对象一样，添加各种效果。

（2）段落文本的创建。

单击【文本工具】按钮，按住鼠标左键然后在工作区拖拽画出文本框，再在其中输入的文本（适用于编辑大量的文本），就是段落文本。段落文本都被保留在名为文本框的框架中，在其中输入的文本会根据框架的大小、长宽自动换行，调整文本框的长度、宽度，文字的排版也会发生变化。

2. 改变文本的属性

文本的属性栏可以修改文本的字体、字号、加粗、倾斜、下划线、对齐方式、项目符号、首字下沉、文字格式、编辑文本、水平排列文本和垂直排列。

3. 文本编辑

执行菜单栏中的【文本】→【编辑文本】命令，即可弹出【编辑文本】对话框，在对话框中可以编辑文本的基本属性。

4. 文本导入

执行【文件】→【导入】命令，在弹出的【导入】对话框中选择要导入的文本，单击【导入】按钮，在弹出的【导入粘贴文本】对话框中设置文本的格式，单击【确定】按钮，当页面中出现导入形状时单击拖动，当画面中出现一个红色文本框时释放鼠标，即可导入文本。

5. 字体设置

选择要设置字体的文本，在文本工具的属性栏中打开字体下拉列表框，从中选择一种字体，即可将选择的文字更改为该字体。

6. 字体属性

单击【形状工具】按钮 选中文本，在每个文字的左下角将出现一个空心节点，单击空心节点，空心节点变为黑色，表示该字符被选中。此时可以利用属性栏选择新的字体或字号等，即可改变该字的属性。

7. 复制文本属性

利用复制文本属性功能，可以快速将不同的文本属性设置为相同的文本属性。单击【挑选工具】按钮 选中文本，右击拖动文本到另一文本上，当鼠标变为 形状时，释放鼠标，从弹出的快捷菜单中选择【复制所有属性】命令，即可将所选文本属性复制给其他文本。

8. 设置间距

选中文本，执行【文本】→【段落格式化】命令，在弹出的【段落格式化】泊坞窗中打开【间距栏】，从中可以对【段落和行】、【语言、字符和字】、【缩进量】及【文本方向】等进行更为细致的调整。

9. 设置文本嵌线和上下标

输入文字，选中需要设置上下标的字符，打开【字符格式化】对话框，利用该对话框可设置文字的下划线、上划线、删除线以及上下标等属性。

10. 设置制表位和制表符

在 CorelDRAW 中，可以通过添加制表位来设置对齐段落内文本的间隔距离。单击【文本工具】按钮 ，在页面中按住鼠标左键并拖动鼠标，创建一个段落文本框；当上方标尺中显示出制表位时，执行【文本】→【制表位】命令，即可进行相应设置。

6.1.2　文本效果

1. 设置首字下沉和项目符号

执行菜单栏中的【文本】→【首字下沉】命令，弹出【首字下沉】对话框。在对话框中选中【使用首字下沉】复选框，在【外观】选项中分别设置【下沉行数】和【首字下沉后的空格】，再通过选中【首字下沉使用悬挂式缩进】复选框设置悬挂效果，单击【确定】按钮完成。

执行菜单栏中的【文本】→【项目符号】命令，弹出【项目符号】对话框。在【项目符号】对话框中选中【使用项目符号】复选框，在【外观】和【间距】选项组中分别进行相应的设置，单击【确定】按钮，即可自定义项目符号样式。

2. 文本环绕路径

路径文本常用于创建走向不规则的文本行。在CorelDRAW中，为了制作路径文本，需要先绘制路径，然后将文本工具定位到路径上，创建的文字会沿着路径排列。改变路径形状时，文字的排列方式也会随之发生改变。

3．对齐文本

利用 CorelDRAW 系统提供的对齐基准和矫正文本功能，可以将某些移动位置的文本，或沿路径分布的文本重新对齐。

4．内置文本

在 CorelDRAW 中，可以将文本内容和闭合路径相结合，或在封闭图形内创建文本，文本将保留其匹配对象的形状，称为内置文本。选中文本，右键将文本拖动到封闭路径内，当光标变为十字形的圆环时释放鼠标，在弹出的快捷菜单中，选择内置文本。

5．段落文字的连接

当创建的文本数量过多时，可能会超出段落文本框所能容纳的范围，出现文本溢出现象，这时文本链接就显得极为重要，通过连接段落文本框可以将溢出的文本放置到另一个文本框或对象中，以保证文本内容的完整性。

6．段落分栏

当段落文本包含大量的文档时，可以对段落式文本使用分栏格式，分栏有利于阅读和查看。执行【文本】→【栏】命令，打开【栏设置】对话框，在【栏数】数值内输入数字，单击【确定】按钮即可。

7．文本绕图

将文本围绕在对象的周围，可以进行简单的排版操作，产生特殊的效果。当段落文字与其他对象重叠时，可以利用它的属性设定不同的效果。【文本绕图】效果只适用于段落文本。

8．插入字符

执行菜单栏中的【文本】→【插入字符】命令，弹出【插入字符】泊坞窗，可以设置文本的基本属性。

9．将文字转化为曲线

将文本转化为曲线后，可以利用形状工具对其进行各种变形操作。选中文本，执行【排列】→【转换为曲线】命令，即可将其转换成曲线（文字出现节点），然后单击工具箱中的【形状工具】按钮，通过节点的编辑调整可以改变文字的效果。

6.2 课堂案例

6.2.1 案例：文字海报

知识点提示：本案例中主要介绍【文本工具】、【渐变填充工具】、【效果】菜单中的【置于图文框内部】命令的使用方法与相关知识。

1．案例效果

案例效果如图 6-1 所示。

图 6-1 文字海报

2．案例制作流程

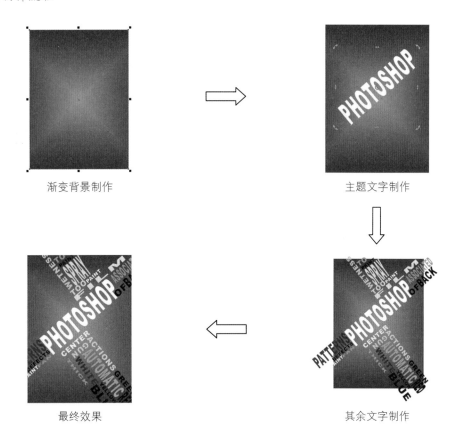

渐变背景制作　　　　　　　　　　　　　　　主题文字制作

最终效果　　　　　　　　　　　　　　　　其余文字制作

3．案例操作步骤

（1）执行【文件】→【新建】命令，新建一个名称为"文字海报"的文档，在弹出的【创建新文档】对话框中设置【大小】为 A4，【原色模式】为 CMYK，【渲染分辨率】为 300dpi，如图 6-2 所示。

（2）单击工具箱中的【矩形工具】按钮▢，绘制一个矩形，如图 6-3 所示，然后单击工具箱中的【渐变填充工具】按钮▧，【类型】选择【正方形】渐变填充类型，参数设置如图 6-4、图 6-5 和图 6-6 所示，设置颜色为从深蓝色到浅蓝色的渐变，如图 6-7 所示。

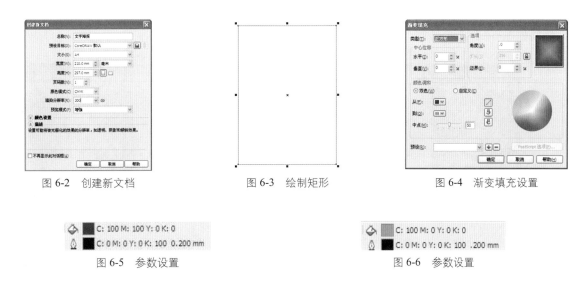

图 6-2　创建新文档　　　　图 6-3　绘制矩形　　　　图 6-4　渐变填充设置

C: 100 M: 100 Y: 0 K: 0

C: 0 M: 0 Y: 0 K: 100 0.200 mm

C: 100 M: 0 Y: 0 K: 0

C: 0 M: 0 Y: 0 K: 100 .200 mm

图 6-5　参数设置　　　　　　　　　　　　图 6-6　参数设置

（3）在属性栏【轮廓笔】下拉菜单中选择【无】命令，如图 6-8 所示。

（4）单击工具箱中的【文本工具】按钮🄰，在工作区内单击输入文字 PHOTOSHOP，并调整为合适的字体及大小，属性栏设置 ，如图 6-9 所示，设置文字颜色为白色；然后单击工具箱中的【选择工具】按钮 双击文字，将光标移至 4 个角的控制点上，按住鼠标左键拖动，将其旋转合适的角度，如图 6-10 所示。

图 6-7　渐变填充效果

图 6-8　轮廓笔设置

图 6-9　输入文字

（5）以同样方法制作出不同颜色的其他文字，然后调整为合适的位置及大小，如图 6-11 所示。

（6）单击工具箱中的【矩形工具】按钮 绘制一个同渐变背景一样大小的矩形，如图 6-12 所示。

图 6-10　旋转文字

图 6-11　输入其余文字效果

图 6-12　绘制矩形

（7）按住 Shift 键将所有文字同时选中，按快捷键 Ctrl+G 群组所有文字，执行【效果】→【图框精确剪裁】→【置于图文框内部】命令，当光标变为黑色箭头形状时单击绘制的矩形框，可以将文字放置在矩形框中，如图 6-13 和图 6-14 所示。

（8）单击工具箱中的【选择工具】按钮 ，选中放置好文字的矩形，右击颜色板中 ，取消轮廓线，最终效果如图 6-15 所示。

图 6-13　图框精确剪裁

图 6-14　文字剪裁后效果

图 6-15　最终效果

6.2.2　案例：梦幻文字

知识点提示：本案例中主要介绍【文本工具】 、【渐变填充工具】 、【移除前面对象】命令、【文本属性面板】的使用方法与相关知识。

1. 案例效果

案例效果如图 6-16 所示。

图 6-16　梦幻文字

2. 案例制作流程

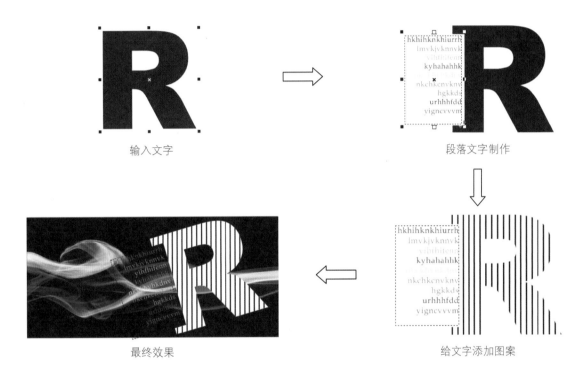

输入文字　　　　　　　　　　　　　　　段落文字制作

最终效果　　　　　　　　　　　　　　　给文字添加图案

3. 案例操作步骤

（1）执行【文件】→【新建】命令，新建一个名称为"梦幻文字"的文档，在弹出的【创建新文档】对话框中设置【大小】为 A4，【原色模式】为 CMYK，【渲染分辨率】为 300dpi，如图 6-17 所示。

（2）单击工具箱中的【文本工具】按钮，在工作区内单击输入文字 R，然后在属性栏中设置，如图 6-18 所示。

图 6-17　创建新文档

图 6-18　输入文字

（3）单击工具箱中的【矩形工具】按钮▢，绘制如图 6-19 所示的矩形，单击调色板为矩形填充任一颜色，单击【选择工具】按钮▢，按住鼠标左键拖动矩形，将其放置在文字左侧，如图 6-20 所示。

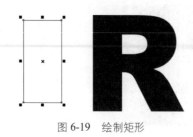

图 6-19　绘制矩形

图 6-20　填充颜色

（4）单击【选择工具】按钮▢，框选文字与矩形，然后单击属性栏▢▢▢▢▢▢的【移除前面对象】按钮，完成后效果如图 6-21 所示。

（5）单击工具箱中的【文本工具】按钮字，在页面中按住鼠标左键并拖动，绘制一个矩形文本框，如图 6-22 所示，执行【文本】→【文本属性】命令，窗口右侧出现【文本属性面板】，设置段落属性为右对齐方式，如图 6-23 所示。

图 6-21　移除矩形效果

图 6-22　矩形文本框

图 6-23　段落文本面板

（6）单击工具箱中的【文本工具】按钮字，按住鼠标左键拖拽出一个文本框，在文本框中单击出现输入光标时输入文字，如图 6-24 所示，再次单击工具箱中的【文本工具】按钮字，分别选中文字，设置更改颜色及样式，如图 6-25 和图 6-26 所示。

图 6-24　输入文字

图 6-25　更改颜色

（7）单击【选择工具】按钮▢，选择矩形文本框，按住鼠标左键拖动文本框到字母 R 的左侧，如图 6-27 所示。

图 6-26　更改后效果

图 6-27　段落文字放置效果

（8）单击【选择工具】按钮，选择字母 R，单击【渐变填充工具】按钮，选择【图样填充】，参数设置如图 6-28 所示，单击【选择工具】按钮，框选文本框与字母 R，按快捷键 Ctrl+G 群组，效果如图 6-29 所示。

图 6-28　图样填充对话框

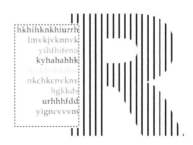

图 6-29　图样填充效果

（9）执行【文件】→【导入】命令，导入背景"梦幻 .jpg"素材文件，右击执行【顺序】→【向后一层】命令，如图 6-30 所示。

（10）单击【选择工具】按钮，选择文本字母 R，【旋转】、【缩放】到合适位置，最终效果如图 6-31 所示。

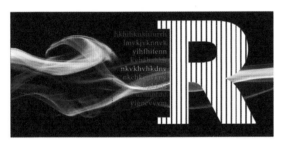

图 6-30　导入背景素材

图 6-31　最终效果

6.2.3　案例：文字设计—青春

知识点提示：本案例中主要介绍【文本工具】、【橡皮擦工具】、【排列】菜单下的【拆分在一路径上的文本】命令、使文本适合路径的使用方法与相关知识。

1. 案例效果

案例效果如图 6-32 所示。

图 6-32　"青春"文字设计效果

2．案例制作流程

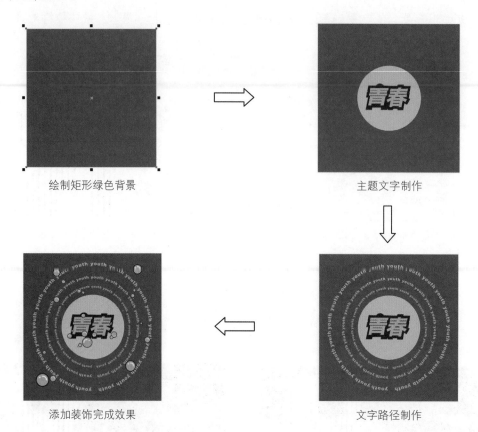

绘制矩形绿色背景　　　　　　　　　　　主题文字制作

添加装饰完成效果　　　　　　　　　　　文字路径制作

3．案例操作步骤

（1）执行【文件】→【新建】命令，新建一个名称为"青春"的文档，在弹出的【创建新文档】对话框中设置【大小】为 A4，【原色模式】为 CMYK，【渲染分辨率】为 300dpi，如图 6-33 所示，单击【矩形工具】按钮，绘制一个矩形，如图 6-34 所示，填充墨绿颜色，参数设置如图 6-35 所示，效果如图 6-36 所示。

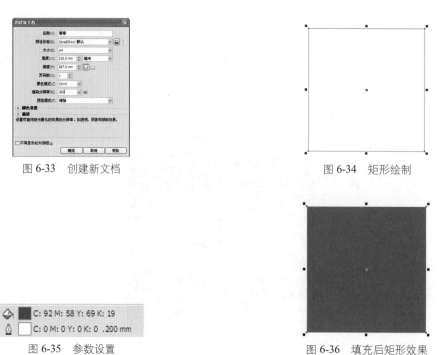

图 6-33　创建新文档　　　　　　　　　　图 6-34　矩形绘制

图 6-35　参数设置　　　　　　　　　　　图 6-36　填充后矩形效果

（2）单击工具箱中的【椭圆形工具】按钮◎，按住 Ctrl 键绘制一个黄绿色圆形，参数设置如图 6-37 所示，效果如图 6-38 所示。

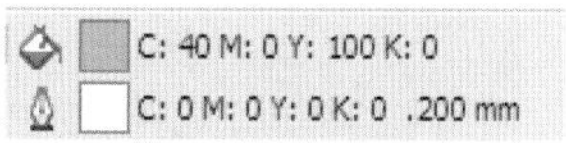

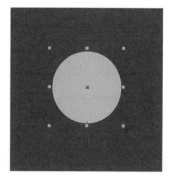

图 6-37　参数设置

图 6-38　绘制圆形

（3）单击工具箱中的【文本工具】按钮字，输入美术文本"青"字，属性栏设置 ，如图 6-39 所示，更改颜色，参数设置如图 6-40 所示，再次单击【倾斜】，右击添加轮廓线，轮廓线宽度为 2.5mm，效果如图 6-41 所示。

图 6-39　输入文字

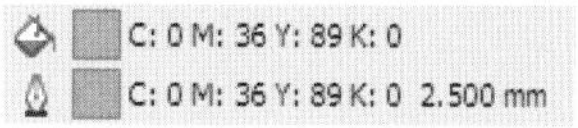

图 6-40　参数设置

图 6-41　填充颜色、倾斜后效果

（4）单击工具箱中的【橡皮擦工具】按钮，属性栏设置 ，擦除文字不需要的部分，效果如图 6-42 所示。

（5）利用同样方法制作出"春"字，效果如图 6-43 所示。

图 6-42　擦除多余部分后效果

图 6-43　制作"春"字效果

（6）单击【选择工具】按钮将制作好的两个字放到一起，单击【选择工具】按钮圈选，按快捷键 Ctrl+G 进行群组，如图 6-44 所示，按快捷键 Ctrl+C、Ctrl+V，复制并粘贴出一个相同文字，按 Shift 键等比例放大，更改颜色和外框颜色为黑色，单击工具箱中的【形状工具】按钮，适当调整外轮廓形状，如图 6-45 所示。

（7）单击【选择工具】按钮，将制作好的两个字叠放到一起，如图 6-46 所示，再次单击【选择工具】按钮将制作好的文字放到背景中，如图 6-47 所示。

图 6-44　群组文字

图 6-45　黑色边框背景需制作

图 6-46　叠加后效果

图 6-47　放到背景中

（8）单击工具箱中的【椭圆形工具】按钮◎，按住 Ctrl 键绘制一个正圆形，如图 6-48 所示，再次单击工具箱中的【文本工具】按钮字，在圆形上单击输入文字，如图 6-49 所示，属性栏设置 ，单击【文本工具】按钮字选中文字，更改颜色，效果如图 6-50 和图 6-51 所示。

图 6-48　绘制正圆形

图 6-49　沿路径输入文字

图 6-50　选中文字状态

图 6-51　更改颜色效果

（9）单击【选择工具】按钮◎选中白色圆路径，执行【排列】→【拆分在一路径上的文本】命令，如图 6-52 所示，再次单击【选择工具】按钮◎选中白色圆路径，按 Delete 键删除白色圆，如图 6-53 所示，利用同样方法绘制出另外两条文字路径，如图 6-54 所示。

图 6-52　排列菜单

图 6-53　删除白色圆路径

图 6-54　文字路径完成

（10）单击工具箱中的【椭圆形工具】按钮 ，按住 Ctrl 键绘制一个正圆形，填充黄色，参数设置如图 6-55 所示，效果如图 6-56 所示，单击工具箱中的【贝塞尔工具】按钮 ，绘制白色装饰线，轮廓笔设置如图 6-57 所示，完成效果如图 6-58 所示。

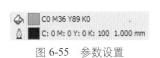

图 6-55　参数设置

图 6-57　轮廓线设置对话框

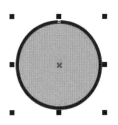

图 6-56　黄色圆绘制

图 6-58　装饰线绘制效果

(11)将绘制好的装饰圆形按快捷键 Ctrl+D 再制出多个圆,调整它们的位置、大小,最终效果如图 6-59 所示。

图 6-59　最终效果

6.2.4　案例：文字风车

知识点提示：本案例中主要介绍【文本工具】 、在封闭路径中输入文本的使用方法与相关知识。

1．案例效果

案例效果如图 6-60 所示。

图 6-60　最终效果

2．案例制作流程

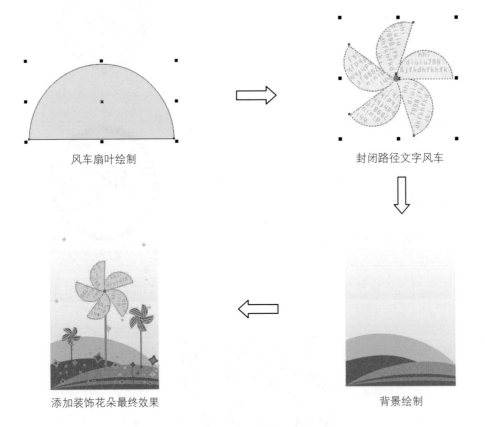

风车扇叶绘制

封闭路径文字风车

添加装饰花朵最终效果

背景绘制

3．案例操作步骤

（1）执行【文件】→【新建】命令，新建一个名称为"文字风车"的文档，在弹出的【创建新文档】对话框中设置【大小】为 A4，【原色模式】为 CMYK，【渲染分辨率】为 300dpi，如图 6-61 所示。

（2）单击工具箱中的【椭圆形工具】按钮◎，绘制半圆形风车扇叶，设置属性栏，效果如图 6-62 所示，单击【渐变填充工具】按钮◎，填充颜色，参数设置如图 6-63 所示，效果如图 6-64 所示。

（3）单击工具箱中的【文本工具】按钮圉，将光标移至半圆形内侧边缘单击，当出现如图 6-65 所示虚线框时在图形内输入文本，并设置合适的字体、大小、颜色，效果如图 6-66 和图 6-67 所示。

图 6-61　创建新文档

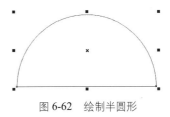

图 6-62　绘制半圆形

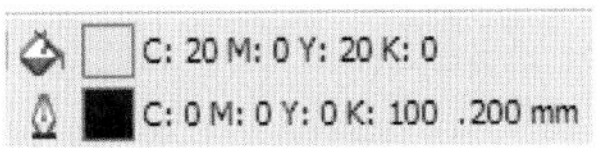

图 6-63　参数设置

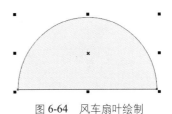

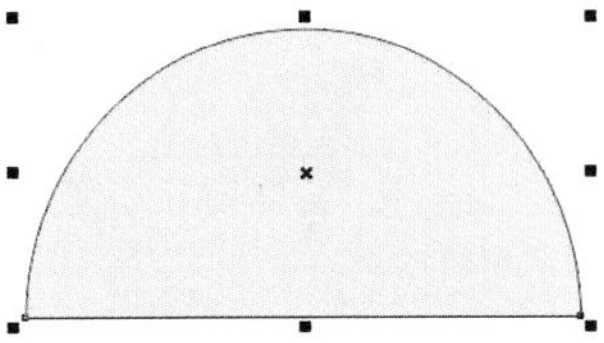

图 6-64　风车扇叶绘制

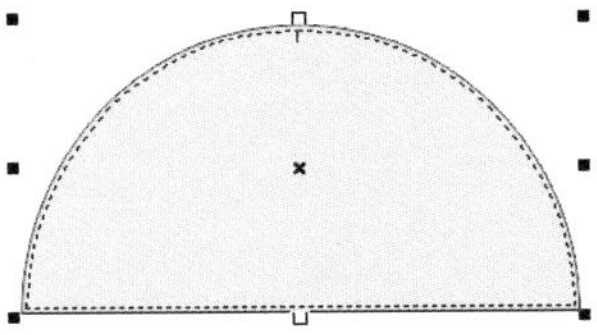

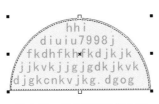

图 6-65　封闭路径输入文字状态

图 6-66　参数设置

（4）执行【排列】→【变换】→【旋转】命令，将中心点移至半圆形右下点，如图 6-68 所示，参数设置如图 6-69 所示，单击【应用】按钮，效果如图 6-70 所示。

图 6-67　创建封闭路径文字

图 6-68　旋转中心点位置

图 6-69　变换面板

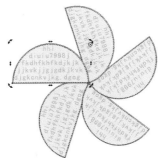

图 6-70　旋转完成效果

（5）单击【选择工具】按钮，框选风车形，按快捷键 Ctrl+G 群组并右击调色板中的按钮⊠，取消轮廓线，绘制圆心，调整大小，水平镜像，如图 6-71 和图 6-72 所示。

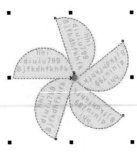

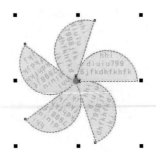

图 6-71　取消轮廓线　　　　　　　　　　　　　图 6-72　水平镜像效果

（6）利用同样方法再绘制其他不同颜色风车，如图 6-73 和图 6-74 所示。

图 6-73　黄色风车效果　　　　　　　　　　　　图 6-74　水粉色风车效果

（7）单击【矩形工具】按钮 🔲，绘制渐变背景，参数设置如图 6-75 和图 6-76 所示，效果如图 6-77 所示。

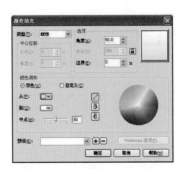

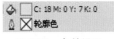

图 6-75　渐变填充方式对话框　　　　图 6-76　参数设置　　　　　图 6-77　绘制渐变背景

（8）单击工具箱中的【贝塞尔工具】按钮 🖊，绘制绿色山坡，结合【形状工具】按钮 🖊 适当调整形状，如图 6-78 所示，利用同样方法绘制出其余山坡，并调整顺序，效果如图 6-79 所示，参数设置如图 6-80、图 6-81 和图 6-82 所示。

图 6-78　绘制山坡　　　　　　　　　　　　　　图 6-79　山坡绘制完成效果

 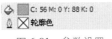 

图 6-80 参数设置　　　　　　图 6-81 参数设置　　　　　　图 6-82 参数设置

（9）单击工具箱中的【贝塞尔工具】按钮，绘制花朵图形，结合【形状工具】按钮适当调整形状，如图 6-83 所示，按快捷键 Ctrl+D 再制出一个花朵图形，按 Shift 键，拖动角点将其等比例缩小，效果如图 6-84 所示，颜色参数设置如图 6-85 和图 6-86 所示。

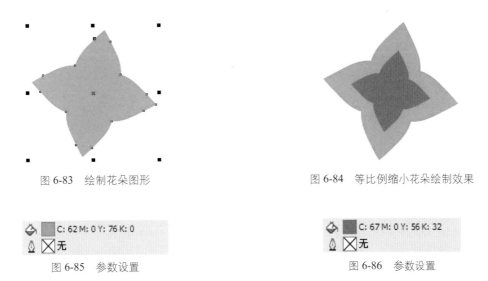

图 6-83 绘制花朵图形　　　　　　　　　　　　图 6-84 等比例缩小花朵绘制效果

图 6-85 参数设置　　　　　　　　　　　　　　图 6-86 参数设置

（10）单击工具箱中的【贝塞尔工具】按钮，绘制花茎，如图 6-87 所示，用上一步骤同样方法绘制出一支花朵，如图 6-88 所示，按快捷键 Ctrl+D 再制出多个花朵图形，更改不同颜色，如图 6-89 所示。

图 6-87 花茎绘制　　　　　　　　　　　　　　图 6-88 一支花朵绘制

（11）将绘制好的多个花朵图形放到背景之中，如图 6-90 所示。

图 6-89 绘制多个花朵图形　　　　　　　　　　图 6-90 背景绘制完成效果

（12）将绘制好的文字风车放到背景之中，单击【矩形工具】按钮▣，为风车制作立杆，最终效果如图 6-91 所示。

图 6-91　添加立杆最终效果

6.3　本章小结

本章详细介绍了各种文本工具的使用和技巧等方面的知识，其中包括文本的基本操作、文本的处理、文本的一些特殊效果等内容，这些内容是文本编辑最基础的内容，应该熟练掌握。

6.4　拓展练习

综合运用绘制与编辑曲线工具和文本编辑工具设计一幅咖啡主题的包装盒封底，效果如图 6-92 所示。

图 6-92　包装盒封底效果

6.5　思考与练习

一、填空题

1. _____ 情况下段落文本无法转换成美术文本。

2. CorelDRAW 文字类型有 _____、_____ 两种。

3．将文字转化 _____ 后，可以使用形状工具自由编辑文字。

4．在 CorelDRAW 中，利用 _____ 可以很方便地调节美术字的间距和行距。

二、选择题

1．选择"文本适合路径"后若把路径删除则（　　）。

　　A．影响文本，文本恢复原样

　　B．不影响文本，文本仍受先前路径的影响

　　C．必须把文本和路径打散后，才能删除路径，不影响文本

　　D．必须把文本和路径打散后，才能删除路径，仍会影响文本

2．如果您打开的文件中正缺少某几种字体，CorelDRAW 会（　　）。

　　A．自动替换　　　　　　　　　　　　B．空出字体

　　C．临时替换　　　　　　　　　　　　D．出现对话框让您选择

3．为段落文本添加项目符号时，该项目符号可以定义的内容有（　　）。

　　A．符号外形　　　　　B．符号大小　　　　C．悬挂　　　　　D．符号颜色

4．文本编辑中，首字下沉可以做到的效果有（　　）。

　　A．下沉行数　　　　　　　　　　　　B．与文本的距离

　　C．使文本环绕在下沉字符周围　　　　D．悬挂缩进

三、思考题

美术文本与段落文本有哪些区别?

第7章 应用特殊效果与案例设计

教学目标：

CorelDRAW 提供了许多为对象添加特殊效果的工具，并将它们归纳在一个交互式工具组中，这些效果是矢量绘图中非常重要的功能。本章节通过学习这个工具组的相关知识，了解并掌握如何对矢量图进行调和、立体、扭曲、透明等效果的操作，掌握这些效果的使用技巧能让设计师在矢量图绘制能力上有所提高。

重点难点：

交互式工具组中的【调和】、【轮廓图】、【变形】、【阴影】、【封套】、【立体化】、【透明度】效果的操作与应用。

7.1 相关知识

本节中主要讲解交互式工具组，单击工具箱中的【交互式调和工具】按钮右下角的三角形，弹出隐藏的交互式工具组，如图 7-1 所示。

7.1.1 调和效果

使用【交互式调和工具】可以使两个分离的对象之间逐步产生调和化的叠影，中间的图形对象会有不同的颜色、轮廓线和填充效果。调和包括两个对象直接调和、沿路径调和、多个物体间调和三种类型的效果。

图 7-1 交互式调和工具组

7.1.2 轮廓图效果

【交互式轮廓图工具】可以使图形的轮廓线向内或向外增加，也可以指定增加到对象中的轮廓线数，这些轮廓线之间的距离是相等的。

7.1.3 变形效果

在 CorelDRAW 中，使用【交互式变形工具】可以快速地改变对象的外形，从而创建出各种有趣的效果,主要可以产生三种变形效果,即推拉变形、拉链变形与扭曲变形。

7.1.4　阴影效果

【交互式阴影工具】可直接为对象添加阴影效果。在 CorelDRAW 中,创建的大部分对象都能使用此工具进行处理,而一些特殊的对象则无法使用此工具,如轮廓对象、立体化对象以及渐变对象。

7.1.5　封套效果

【交互式封套工具】可用于同时改变对象多个节点的性质,例如位置的变化、受力大小的变化等。通过封套工具以及属性栏中的选项设置,可以很方便地编辑封套,从而得到各种形状的图形。

7.1.6　立体化效果

【交互式立体化工具】可以为一个平面对象添加立体化效果。在 CorelDRAW 中创建的任何图形、文字或线条都可以进行立体化处理。

7.1.7　透明度效果

使用【交互式透明度工具】可以对对象应用均匀、渐变、图案或底纹透明效果,其实质就是在对象当前的填充效果上应用一个灰度遮罩,效果与 Photoshop 中的图层蒙版类似。

7.2　课堂案例

7.2.1　案例:清凉一夏

知识点提示:本案例中主要使用【椭圆形工具】、【交互式调和工具】、【渐变填充工具】、【贝塞尔工具】、【星形工具】的相关知识绘制。

1. 案例效果

案例效果如图 7-2 所示。

图 7-2　清凉一夏

2．案例制作流程

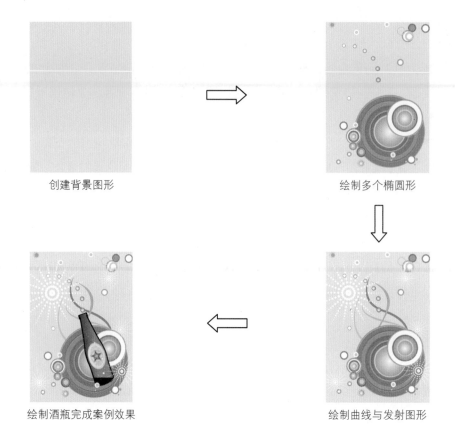

创建背景图形　　　　　　　　　　　　　　绘制多个椭圆形

绘制酒瓶完成案例效果　　　　　　　　　　绘制曲线与发射图形

3．案例操作步骤

（1）执行【文件】→【新建】命令，新建一个名称为"清凉一夏"的文档，如图 7-3 所示。双击工具箱【矩形工具】█按钮，在绘图页面内创建一个与页面大小一致的矩形，执行【均匀填充】命令并设置参数，如图 7-4 和图 7-5 所示。

图 7-3　创建新文档　　　　　　图 7-4　设置参数　　　　　　图 7-5　创建背景

（2）选择【椭圆形工具】◯绘制正圆形并填充颜色，如图 7-6 所示，再绘制一同心圆执行【渐变填充】命令，如图 7-7 所示。选择【交互式调和工具】█，单击大圆并拖动至小圆，创建交互式调和效果，如图 7-8 所示。然后选择此图形执行【复制】→【粘贴】命令多次，调整其大小、位置、颜色，最后将其全选并执行【群组】命令，如图 7-9 所示。

（3）选择【椭圆形工具】◯绘制大小不同的两个正圆形，并填充白色，再选择【交互式调和工具】█，如图 7-10 所示。执行菜单栏【排列】→【变换】→【旋转】命令，绘制发射图形，然后将其全选并执行【群组】命令，如图 7-11 和图 7-12 所示。选择此图形执行【复制】→【粘贴】命令多次，调整其大小、位置如图 7-13 所示。使用【贝塞尔工具】绘制页面中不规则的飘带，并填充颜色，如图 7-14 所示。

图 7-6　绘制大圆

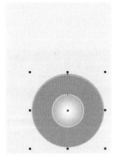

图 7-7　绘制同心圆

图 7-8　调和图形

图 7-9　绘制多个正圆

图 7-10　执行交互式调和命令

图 7-11　设置旋转参数

图 7-12　完成旋转效果

图 7-13　调整发射图形

图 7-14　绘制不规则飘带

（4）选择【贝塞尔工具】绘制啤酒瓶外形，如图 7-15 所示，再绘制瓶身内部形状并填充渐变颜色，如图 7-16 和图 7-17 所示。

图 7-15　绘制啤酒瓶外形

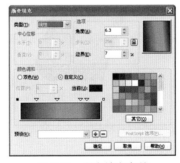

图 7-16　渐变填充参数

图 7-17　绘制内部形状

（5）选择【椭圆形工具】绘制大椭圆形，并填充颜色，如图 7-18 所示。再绘制小椭圆执行【渐变填充】命令,如图 7-19 和图 7-20 所示。选择【矩形工具】绘制一细长矩形,执行菜单栏【排列】→【变换】→【旋转】命令,绘制发射图形,然后执行【群组】→【合并】→【渐变填充】命令,如图 7-21 所示。发射图形移至椭圆形内部调整适合的大小,如图 7-22 所示。使用【星形工具】绘制五角星,同样图形绘制 3 个,调整大小后填色,然后执行【群组】命令,完成啤酒瓶上的图标,如图 7-23 所示。

图 7-18 绘制椭圆　　　　　　　图 7-19 设置渐变参数　　　　　　图 7-20 完成渐变效果

图 7-21 绘制发射图形　　　　　　图 7-22 调整发射图形　　　　　　图 7-23 绘制五角星形状

(6) 使用【选择工具】单击完成的图标移至啤酒瓶身适当的位置,双击后旋转图形,如图 7-24 所示。选择【椭圆形工具】在瓶身绘制大小不同的椭圆形,然后执行【群组】命令并填充白色,如图 7-25 所示。将完成的啤酒瓶移至海报的右下方,完成案例的设计,效果如图 7-26 所示。

图 7-24 完成啤酒瓶绘制　　　　　图 7-25 绘制瓶身泡泡　　　　　　图 7-26 完成案例效果

7.2.2　案例:留言板

知识点提示:本案例中主要介绍【矩形工具】、【椭圆形工具】、【交互式轮廓图】、【渐变填充工具】、【交互式封套工具】、【形状工具】、【贝塞尔工具】的使用方法与相关知识。

1. 案例效果

案例效果如图 7-27 所示。

图 7-27　完成案例

2. 案例制作流程

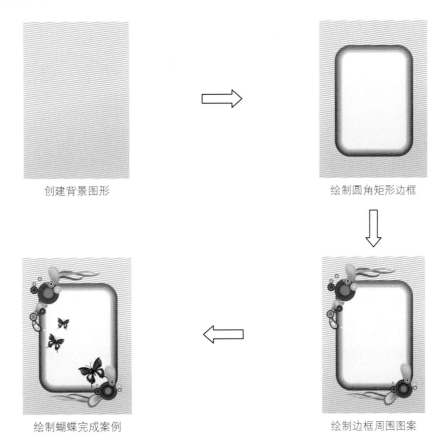

创建背景图形

绘制圆角矩形边框

绘制蝴蝶完成案例

绘制边框周围图案

3. 案例操作步骤

（1）执行【文件】→【新建】命令，新建一个名称为"留言板"的文档，如图 7-28 所示。双击工具箱【矩形工具】按钮▢，在绘图页面内创建一个与页面大小一致的矩形，执行【渐变填充】命令并设置参数如图 7-29 所示，效果如图 7-30 所示。

（2）选择【矩形工具】▢绘制细长矩形并填充黄色，如图 7-31 所示。然后执行【排列】→【变换】→【位置】命令，参数设置如图 7-32 所示，完成条纹效果后执行【群组】命令，如图 7-33 所示。再选择【矩形工具】▢绘制一个与绘图页面相同的矩形，将条纹图形旋转后执行【效果】→【图框精确剪裁】命令，将条纹图案剪裁成矩形，如图 7-34 所示。将带有条纹图案矩形置于渐变背景的矩形前，执行【选择】→【对齐】命令，如图 7-35 所示。

图 7-28　创建新文档

图 7-29　设置渐变填充

图 7-30　背景渐变效果

图 7-31　绘制细条

图 7-32　变换位置参数

图 7-33　完成小条的复制

图 7-34　完成图框精剪

图 7-35　完成背景效果

（3）选择【矩形工具】绘制小于背景的矩形如图 7-36 所示，选中【形状工具】，通过拖动矩形边角节点改变矩形圆滑程度，完成圆角。在色盘处右击改变边线颜色，如图 7-37 所示。选择【渐变填充工具】对圆角矩形填充，渐变参数设置如图 7-38 所示，填充后如图 7-39 所示。

图 7-36　绘制矩形

图 7-37　创建圆角矩形

（4）选择【交互式轮廓图】工具，设置参数，轮廓色如图 7-40 所示，向外拖动圆角矩形边线，制作效果如图 7-41 所示。将圆角矩形轮廓图移到背景效果图适当的位置，如图 7-42 所示。

图 7-38　渐变参数

图 7-39　渐变填充效果

图 7-40　轮廓色

图 7-41　制作轮廓图效果

图 7-42　移到背景图中

（5）选择【椭圆形工具】◎绘制正圆形，如图 7-43 所示，再选择【交互式封套工具】⊠，分别拖动对象右侧两个节点，如图 7-44 所示。选择此图形执行【复制】→【粘贴】命令两次，调整其大小、位置和渐变填充颜色，最后将其全选并执行【群组】命令，如图 7-45 所示。

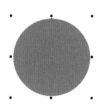

图 7-43　绘制椭圆形

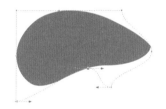

图 7-44　制作轮廓图效果

图 7-45　多色水滴形

（6）选择【椭圆形工具】◎绘制正圆形并填充颜色，再选择【交互式轮廓图】工具▣，在属性栏中单击【对象和颜色加速】按钮▣，设置如图 7-46 所示，多色同心圆效果如图 7-47 所示。

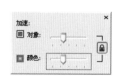

图 7-46　对象和颜色加速设置

图 7-47　多色同心圆

（7）选择多色同心圆和多色水滴形执行【复制】→【粘贴】命令多次，调整其大小和位置，填充不同颜色，如图 7-48 所示。将装饰图案移到带有轮廓框背景前调整其大小和位置，最后将其全选并执行【群组】命令，如图 7-49 所示。

图 7-48　制作轮廓图装饰图案

图 7-49　完成边框的装饰

（8）使用【贝塞尔工具】绘制不规则飘带，CMYK 颜色数值为：20、80、0、0，如图 7-50 所示，执行【复制】→【粘贴】命令两次，调整其大小和位置，分别填充 CMYK 颜色数值为：60、0、20、0 蓝色和 10、0、100、0 绿色，最后将飘带圈选并执行【群组】命令，如图 7-51 所示。

图 7-50　绘制飘带

图 7-51　多条飘带

（9）飘带执行【复制】→【粘贴】命令，移到带有轮廓框的背景上调整其大小和位置，最后将其全选并执行【群组】命令，如图 7-52 所示。

（10）选择【椭圆形工具】绘制椭圆形如图 7-53 所示，再选择【交互式封套工具】，拖动对象上面的节点呈不规则椭圆形，如图 7-54 所示。选择属性栏中【转换为曲线】按钮后，使用【形状工具】调整节点绘制蝴蝶翅膀，如图 7-55 所示。

图 7-52　绘制椭圆形

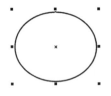

图 7-53　绘制椭圆形

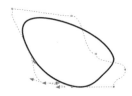

图 7-54　控制封套工具节点

（11）选择蝴蝶翅膀执行【复制】→【粘贴】→【水平镜像】→【群组】命令，调整位置绘制蝴蝶上半部分的一对翅膀，左击色盘进行上色，如图 7-56 所示，再复制、缩小翅膀并添加颜色，CMYK 颜色数值为：100、100、0、0，增加翅膀的变化如图 7-57 所示。

（12）选择【交互式轮廓图】工具，向内拖动翅膀边线，效果如图 7-58 所示，属性设置 。使用【贝塞尔工具】绘制翅膀中间花纹形状，颜色 CMYK 数值为：51、100、0、0，如图 7-59 所示，再选择【交互式轮廓图】工具，向内拖动翅膀边线，如图 7-60 所示。

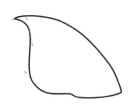

图 7-55 形状工具调整节点

图 7-56 绘制翅膀形状

图 7-57 复制、缩小、填充不同颜色

图 7-58 翅膀轮廓图效果

图 7-59 绘制翅膀中间图案

图 7-60 轮廓图效果

（13）选择【椭圆形工具】◎绘制椭圆形，再选择【交互式封套工具】▨，拖动对象上面的节点呈不规则水滴形，左击色盘填色，进一步绘制蝴蝶翅膀上半部分的花纹。选择【椭圆形工具】◎绘制椭圆形，再选择【交互式封套工具】▨，拖动对象上面的节点呈不规则椭圆形，选择属性栏中【转换为曲线】◎，使用【形状工具】▨调整节点绘制蝴蝶翅膀下半部分形状，如图 7-61 所示。使用【贝塞尔工具】✎和【椭圆形工具】◎绘制翅膀内部花纹形状并填色如图 7-62 所示。

图 7-61 绘制翅膀下半部分

图 7-62 完成蝴蝶翅膀绘制

（14）使用【椭圆形工具】◎绘制蝴蝶的头和身体，选择【艺术笔】◎绘制蝴蝶的两条触角，如图 7-63 所示。将蝴蝶身体移至翅膀适当位置后全选执行【群组】命令，完成蝴蝶的绘制，如图 7-64 所示。

（15）选择蝴蝶执行【复制】→【粘贴】两次，调整大小、方向、位置，完成本案例的设计，效果如图 7-65 所示。

图 7-63 绘制蝴蝶触角

图 7-64 完成蝴蝶绘制

图 7-65 完成案例

7.2.3 案例：蛋糕包装盒封面

知识点提示：本案例中主要介绍【交互式透明度工具】▨、【交互式变形工具】◎、【渐变填充工具】、

【交互式阴影工具】、【交互式立体化工具】、【网状填充工具】、【贝塞尔工具】的使用方法与相关知识。

1. 案例效果

案例效果如图 7-66 所示。

图 7-66　完成案例

2. 案例制作流程

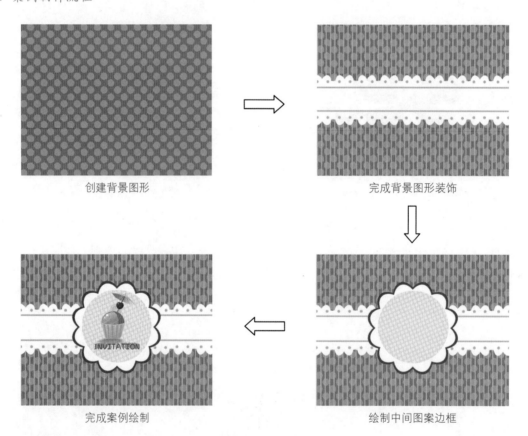

创建背景图形

完成背景图形装饰

完成案例绘制

绘制中间图案边框

3. 案例操作步骤

（1）执行【文件】→【新建】命令，新建一个名称为"蛋糕包装盒封面"的横向文档，如图 7-67 所示。双击工具箱【矩形工具】按钮，在绘图页面内创建一个与页面大小一致的矩形，如图 7-68 所示，再选择工具箱中【交互式透明度工具】，属性栏中透明度类型选择【双色图样】，如图 7-69 所示，然后在色盘中选择红色，左击鼠标填充颜色，设置透明度属性栏，通过拖动圆形控制点等比例调整图案的大小，如图 7-70 所示。

图 7-67　创建新文档

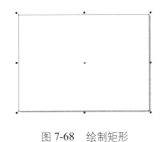

图 7-68　绘制矩形

图 7-69　设置透明度类型

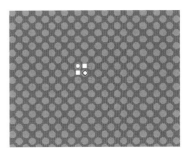

图 7-70　完成背景双色图形

（2）选择【矩形工具】□绘制细长矩形，执行【排列】→【变换】→【位置】命令，如图 7-71 所示力国发复制细条后全选执行【群组】命令如图 7-72 所示。右击鼠标执行【顺序】→【置于此对象前】命令，如图 7-73 所示，将条纹放置于背景图案前，如图 7-74 所示。

图 7-71　参数设置

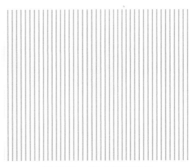

图 7-72　完成条纹图案

图 7-73　执行【顺序】命令

图 7-74　完成背景底纹

（3）选择【椭圆形工具】○绘制正圆，并填充白色如图 7-75 所示，再选择工具箱中【交互式变形工具】□，设置属性栏 □ ·× □ ·× 54 中参数，绘制花瓣如图 7-76 所示。执行【排列】→【变换】→【旋转】命令，如图 7-77 所示，全选白色花瓣执行属性栏【合并】□命令，如图 7-78 所示。

图 7-75　绘制正圆

图 7-76　绘制花瓣

图 7-77　设置旋转参数

图 7-78　完成多瓣花朵

　　（4）选择多瓣花朵执行【排列】→【变换】→【位置】命令，复制多个白色花朵如图 7-79 所示。选择【椭圆形工具】◎绘制正圆，并填充颜色，执行【排列】→【变换】→【位置】命令，复制多个正圆。在正圆下面绘制细长矩形，将正圆和矩形全选执行【群组】、【复制】、【粘贴】、【垂直镜像】命令，调整位置如图 7-80 所示。

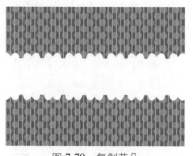

图 7-79　复制花朵

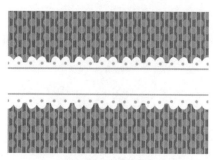

图 7-80　绘制矩形

　　（5）选择多瓣白色花朵执行【复制】→【粘贴】两次，将复制的花朵放大并填充红色、白色如图 7-81 所示。使用【椭圆形工具】◎绘制正圆，选择工具箱中【交互式透明度工具】，透明度类型选择【双色图样】，然后在色盘中选择颜色左击鼠标填充，设置透明度属性栏参数，通过拖动圆形控制点等比例调整图案的大小，如图 7-82 所示。

图 7-81　绘制中间图形边框

图 7-82　填充双色图样

（6）使用【椭圆形工具】◎绘制椭圆形，执行【渐变填充】命令，如图 7-83 和图 7-84 所示。再绘制椭圆形执行【渐变填充】命令如图 7-85 和图 7-86 所示。选择【贝塞尔工具】✐绘制月牙形，执行【渐变填充】命令，如图 7-87 和图 7-88 所示。

图 7-83　渐变参数

图 7-84　创建渐变椭圆形

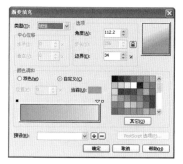

图 7-85　渐变参数

图 7-86　渐变填充

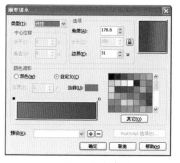

图 7-87　渐变参数

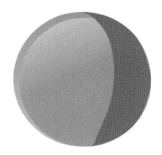

图 7-88　渐变填充

（7）使用【椭圆形工具】◎和【艺术笔工具】✎绘制球体上的装饰线如图 7-89 所示。选择【贝塞尔工具】✐绘制蛋糕托包装纸外形，如图 7-90 所示，再选择【贝塞尔工具】✐绘制包装纸折痕，执行【渐变填充】命令，如图 7-91 和图 7-92 所示，完成纸托的绘制如图 7-93 所示。

图 7-89　绘制装饰线

图 7-90　创建渐变填充形

图 7-91　蛋糕托包装纸折痕渐变填充

图 7-92　绘制折痕

图 7-93　完成纸托的绘制

（8）使用【椭圆形工具】〇绘制正圆形，执行【转换为曲线】〇命令，选择【形状工具】〈添加正圆形上的节点调整橙子片的形状，执行【渐变填充】命令如图 7-94 和图 7-95 所示。选中图形执行【复制】→【粘贴】→【缩小】命令后填充浅黄色，如图 7-96 所示。使用【贝塞尔工具】〈绘制三角形橙子瓣，执行【排列】→【变换】→【位置】命令，复制多个橙子瓣，再执行【渐变填充】命令绘制橙子横切面，如图 7-97 和图 7-98 所示。

图 7-94　渐变填充参数

图 7-95　创建渐变填充形

图 7-96　绘制橙子外形

图 7-97　橙子瓣渐变参数

图 7-98　完成橙子片绘制

（9）使用【贝塞尔工具】〈绘制小纸伞基本形状，执行【渐变填充】命令如图 7-99 和图 7-100 所示。反复执行【贝塞尔工具】→【渐变填充】命令绘制完成小纸伞，如图 7-101 所示。使用【椭圆形工具】〇绘制正圆形并填充红色，选择【网状填充工具】〈绘制樱桃，填充网状节点不同颜色如图 7-102 所示。选中伞、樱桃、橙子片调整位置，执行【群组】命令，如图 7-103 所示。

图 7-99　渐变填充参数

图 7-100　创建渐变填充形

图 7-101　完成小纸伞

图 7-102　绘制樱桃

图 7-103　完成伞、橙子片、樱桃组合

（10）选择【交互式阴影工具】□为蛋糕添加阴影，设置属性栏 ▢240 ◆ ♆50 ◆ ♂15 ◆ ▣ 87 ◆ 50 ◆，阴影颜色如图 7-104 所示，效果如图 7-105 所示。使用【文本工具】⑦添加英文字母 INVITATION，再选择【交互式立体化工具】⑦，在对象中心按住鼠标左键向立体化效果方向拖动鼠标，立体化文字效果如图 7-106 所示，设置交互式立体化属性栏 ⑳ 20 ◆ ⬚ -1.118 mm ◆ ▣ 灭点锁定到对象 ▾，颜色如图 7-107 所示，立体化类型如图 7-108 所示。调整文字大小、位置，完成本案例的设计如图 7-109 所示。

图 7-104　设置阴影颜色

图 7-105　添加阴影

图 7-106　立体化文字

图 7-107　立体化颜色设置

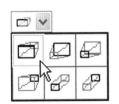

图 7-108　设置立体化类型

图 7-109　完成案例

7.2.4　案例：香水

知识点提示：本案例中主要介绍【渐变填充工具】、【矩形工具】▢、【交互式透明度工具】▢、【贝塞尔工具】▨、【图框精简剪裁】的使用方法与相关知识。

1．案例效果

案例效果如图 7-110 所示。

图 7-110　完成案例

2．案例制作流程

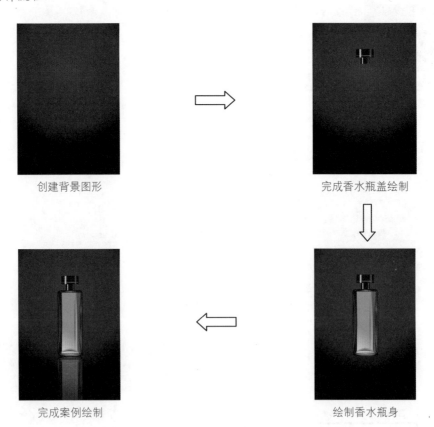

创建背景图形

完成香水瓶盖绘制

绘制香水瓶身

完成案例绘制

3．案例操作步骤

（1）执行【文件】→【新建】命令，新建一个名称为"香水"的纵向文档，双击工具箱【矩形工具】按钮▢，在绘图页面内创建一个与页面大小一致的矩形，选择工具箱中【渐变填充工具】，渐变类型选择【辐射】，颜色调和选择【自定义】，如图 7-111 和图 7-112 所示。

（2）选择【矩形工具】▢绘制小矩形并填充黑色如图 7-113 所示，再绘制一个等宽度的扁矩形，选择工具箱中【渐变填充工具】，渐变类型选择【辐射】，颜色调和选择【自定义】，如图 7-114 所示，自定义渐变填充效果如图 7-115 所示。

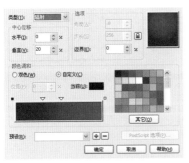

图 7-111　设置渐变填充参数

图 7-112　创建背景

图 7-113　绘制矩形

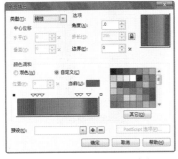

图 7-114　自定义渐变填充

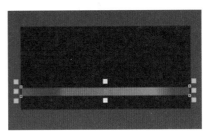

图 7-115　自定义渐变填充效果

（3）选择【贝塞尔工具】◣在瓶盖右侧绘制一条竖线，并在色盘白色处右击鼠标填充颜色，如图 7-116 所示，再选择工具箱中【矩形工具】▢绘制纵向小矩形并填充粉红色，如图 7-117 所示。

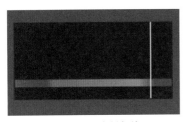

图 7-116　绘制竖线

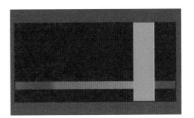

图 7-117　绘制粉红色矩形

（4）选择交互式工具组中【交互式透明度工具】🔲，设置属性栏中透明度类型为【线性】，移动透明中心点如图 7-118 所示，用同样方法绘制瓶盖左侧透明矩形，如图 7-119 所示。

图 7-118　移动透明中心点

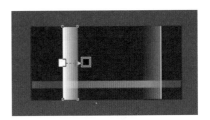

图 7-119　绘制左侧透明矩形

（5）全选瓶盖执行【复制】→【粘贴】→【缩小】命令，选择后复制矩形中的渐变横条执行【删除】命令，将瓶盖上下部分分别执行【群组】命令，再选择两部分执行【排列】→【对齐和分布】→【垂直居中对齐】命令，如图 7-120 和图 7-121 所示。

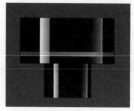

图 7-120　完成瓶盖绘制

图 7-121　执行【垂直居中对齐】命令

（6）选择工具箱中【矩形工具】▢绘制纵向矩形并填充黑色，再选择工具箱中【形状工具】▨，通过拖动矩形边角节点改变矩形圆滑程度，完成圆角的绘制，如图 7-122 所示。选择【贝塞尔工具】▨绘制瓶身中间区域并填充白色，如图 7-123 所示。

图 7-122　绘制瓶身圆角

图 7-123　绘制瓶身中间白色区域

（7）选择白色对象执行【复制】→【粘贴】命令，再选中【形状工具】▨，通过拖动节点改变形状，在色盘中选择粉色左击鼠标填色如图 7-124 所示，再选择交互式工具组中【交互式透明度工具】▨，设置属性栏中透明度类型为【线性】，移动透明度控制条起始点与结束点的位置，如图 7-125 所示。

图 7-124　填充粉色

图 7-125　更改、控制透明度位置方向

（8）使用【矩形工具】▢在瓶身左侧绘制纵向矩形并填充颜色，如图 7-126 所示，选择【交互式透明度工具】▨，设置属性栏中透明度类型为【辐射】，移动透明度中心点，如图 7-127 所示。

图 7-126　绘制瓶身左侧面

图 7-127　创建左侧面透明度

（9）选择【贝塞尔工具】绘制瓶身左上角三角形，如图 7-128 所示，选择【交互式透明度工具】，设置属性栏中透明度类型为【线性】，移动透明度中心点，如图 7-129 所示，用同样方法绘制瓶身左下角，如图 7-130 和图 7-131 所示。

图 7-128　绘制瓶身左上角

图 7-129　添加透明度

图 7-130　绘制瓶身左下角

图 7-131　添加透明度

（10）使用【贝塞尔工具】绘制瓶身右侧图形，如图 7-132 所示，用同样方法再绘制瓶身右上角图形，如图 7-133 所示，使用【交互式透明度工具】，设置属性栏中透明度类型为【辐射】，移动透明度起点与终点位置如图 7-134 所示，用同样方法绘制瓶身右下角如图 7-135 和如图 7-136 所示，完成瓶身右侧绘制如图 7-137 所示。

图 7-132　绘制瓶身右侧

图 7-133　绘制瓶身右侧上角

图 7-134　添加透明度

图 7-135　绘制瓶身右下角

图 7-136　添加透明度

图 7-137　完成瓶身右侧绘制

（11）使用【贝塞尔工具】绘制瓶身细节线条，如图 7-138 所示，用同样方法再绘制瓶身上面图形，如图 7-139 所示。

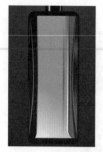

图 7-138　绘制瓶身细节

图 7-139　绘制瓶身上面图形

（12）使用【贝塞尔工具】绘制瓶身底部图形，如图 7-140 所示，使用【交互式透明度工具】，设置属性栏中透明度类型为【辐射】，移动透明度起点与终点位置，如图 7-141 所示，用同样方法添加瓶身底部细节，如图 7-142 和图 7-143 所示。

图 7-140　绘制瓶身底部

图 7-141　添加透明度

图 7-142　瓶底刻画

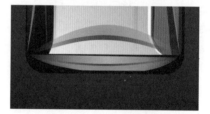

图 7-143　完成瓶底绘制

（13）使用【选择工具】全选香水瓶执行【群组】命令，如图 7-144 所示，再执行【复制】→【粘贴】→【垂直镜像】命令，选择【交互式透明度工具】为香水瓶添加透明阴影，设置属性栏中透明度类型为【线性】，移动透明度起点与终点位置，如图 7-145 所示，全选香水瓶与阴影执行【群组】命令，再执行【效果】→【图框精确剪裁】→【置于图文框内部】命令，完成本案例的设计如图 7-146 所示。

图 7-144　完成香水瓶绘制

图 7-145　添加香水瓶透明阴影

图 7-146　完成案例

7.3　本章小结

　　本章主要讲述了 CorelDRAW X6 软件中【交互式工具组】和【效果】的使用方法和相关知识，并根据【交互式工具组】和【效果】量身绘制了多个案例，为案例中的不同矢量图形添加相应的效果，让读者对 CorelDRAW X6 软件中【交互式工具组】和【效果】都有了较为深入的了解和把握，为将来的设计道路打下坚实的基础。

7.4　拓展练习

　　综合运用绘制与编辑曲线路径的工具和【交互式工具组】设计一幅美味鲜橙招贴，效果如图 7-147 所示。

图 7-147　美味鲜橙招贴

7.5　思考与练习

一、填空题

1．预设的封套样式有 _____、_____、_____、_____、_____、_____ 六种。

2．轮廓化效果分为 _____、_____、_____ 三种。

二、选择题

1．交互式调和工具组包含（　　）交互式工具。

　　A．5 个　　　　　　　　　B．6 个　　　　　　　　　C．7 个

2．交互式变形主要有（　　）。

　　A．推拉变形　　　　　　　B．拉链变形　　　　　　　C．扭曲变形

3．用于将直角变换成圆角的是（　　）。

　　A．选择工具　　　　　　　B．形状工具　　　　　　　C．贝塞尔工具

三、简答题

1．如何将使用封套变形后的图像恢复原样？

2．如何使用调和工具将两个对象同时调和到一个对象上？

3．为什么不能对矢量图形进行扭曲变形？

儿童摄影

第8章 编辑位图

教学目标:

CorelDRAW 不但可以创建矢量图形,还可以将矢量图形转换成位图,同时可以编辑位图以及对位图添加特殊效果。通过本章节的学习,达到熟练掌握位图导入和导出方法,并熟练使用滤镜为位图添加各种特殊效果的目的。

重点难点:

位图导入和导出,使用滤镜为位图添加各种特殊效果的应用。

8.1 相关知识

矢量图形是使用数学方法,按照点、线、面的方式形成的,在缩放时不会产生失真效果;位图图像则是使用物理方法,按照点阵的方式绘制出来的,是由称作"像素"的点阵组成的,图像在缩放和旋转变形时会产生失真现象。CorelDRAW 的位图编辑功能与其他位图处理软件相比有许多不同,位图和矢量图之间的相互转换是其最大特色。

8.1.1 导入并转换位图

1. 导入位图

执行【文件】→【导入】命令,或按快捷键 Ctrl+I,可以从外部导入位图到 CorelDRAW 中,打开【导入】对话框,选择要导入的文件后单击【导入】按钮,在绘图页单击位图即导入到页面中。

2. 链接和嵌入位图

对导入的位图进行链接可以节省绘图文件的空间,选择【文件】→【导入】命令,在弹出的对话框中,单击选项,选择【外部链接位图】复选框,单击【导入】按钮。

3. 裁剪位图

执行【文件】→【导入】命令,或按快捷键 Ctrl+I,可以从外部导入位图到 CorelDRAW 中,可以在导入时对图像进行裁剪。

4．重新取样位图

【重新取样】工具可以改变图像的大小和分辨率等属性。

5．变换位图

通过【变换】功能，能对选定对象的颜色和色调产生一些特殊的变换效果。

6．编辑位图

单击【挑选工具】按钮 选中图片，在属性栏里出现【编辑位图】命令按钮，单击即可打开
Corel PHOTO-PAINT 窗口，在这里可以对位图进行常规处理和艺术化处理。

7．矢量图形转换为位图

在 CorelDRAW 中，可以将矢量图转换成位图。执行菜单【位图】→【转换成位图】命令，弹出
对话框转换成位图后，可以应用【三维效果】等命令对位图做进一步的艺术处理。

8.1.2　调整位图的颜色和色调

1．高反差

利用【高反差】命令可以调整图像暗部与亮部的细节，使其颜色达到平衡。

2．局部平衡

【局部平衡】命令是通过在区域周围设置宽度和高度，来提高边缘附近的对比度，以显示浅色和
深色区域的细节部分。

3．取样 / 目标平衡

利用【取样 / 目标平衡】命令可以从图像中选取色样，从而调整对象中的颜色值。

4．调合曲线

【调合曲线】命令是通过对图像各个通道的明暗数值曲线进行调整，从而快速对图像的明暗关系
进行设置。

5．亮度 / 对比度 / 强度

【亮度 / 对比度 / 强度】过滤器可用于更改图像的亮度、对比度和强度。调整亮度值时，所有颜色
的亮度将增加或减少相同的值。

6．颜色平衡

【颜色平衡】功能是在 CMYK 和 RGB 颜色之间变换图像的颜色模式。

7．伽玛值

【伽玛值】是影响对象中的所有颜色范围的一种校色方法，主要调整对象的中间色调，对于深色
和浅色则影响较小。

8．色度 / 饱和度 / 亮度

【色调 / 饱和度 / 亮度】过滤器可用于更改图像或通道的色度、饱和度和亮度值。色度代表颜色；
饱和度代表颜色深度或浓度；而亮度代表图像中自身的总体百分比。

9．所选颜色

【所选颜色】命令用来调整位图中的颜色及其浓度。

10．替换颜色

【替换颜色】命令是针对图像中的某一颜色区域进行调整，可以将所选颜色进行替换。

11．取消饱和

【取消饱和】命令可以将位图对象中的颜色饱和度降到零，在不改变颜色模式的情况下创建灰度图像。

12．通道混合器

【通道混合器】命令可以将图像中某个通道的颜色与其他通道中的颜色进行混合，使其产生叠加的合成效果。

8.1.3 调整位图的色彩效果

1．去交错

利用【去交错】命令可以把扫描过的位图对象中产生的网点消除，使图像更加清晰。

2．反显

利用【反显】命令可以将图像中所有颜色自动替换为相应的补色。

3．极色化

利用【极色化】命令可以把图像颜色进行简单化处理，得到色块化的效果。

8.1.4 校正位图色斑效果

通过【校正】功能，能够修整和减少图像中的色斑，减轻锐化图像中的瑕疵。使用【蒙尘与刮痕】功能选项，可以通过更改图像中相异的像素来减少杂色。

8.1.5 位图的颜色遮罩

一般情况下，位图会降低屏幕的显示速度，要想提高显示速度，可以使用【位图颜色遮罩】命令，此命令可以决定位图颜色的隐藏和显示。

8.1.6 更改位图的颜色模式

1．黑白模式

黑白模式只有黑和白两种颜色，没有灰度图像，也没有层次变化。

2．灰度模式

将选定的位图转换成灰度（8位）模式，可以产生一种类似于黑白照片的效果。

3．双色模式

双色模式并不是指由两种颜色构成图像，而是通过 1~4 种自定油墨创建单色调、双色调、三色调及四色调的灰度图像。

4．调色板模式

调色板模式为 8 位颜色模式，转换后的文件较小。

5．RGB 模式

RGB 颜色模式描述了能在计算机上显示的最大范围的颜色。R、G、B 三个分量各自代表三原色（Red 红，Green 绿，Blue 蓝）且都具有 255 级强度，其余的单个颜色都是由这 3 个分量按照一定的比例混合而成。默认状态下，位图都采用这种颜色模式。

6．Lab 模式

Lab 颜色是基于人眼认识颜色的理论而建立的一种与设备无关的颜色模型。L、a、b 三个分量各自代表照度、从绿到红的颜色范围及从蓝到黄的颜色范围。

7．CMYK 模式

CMYK 颜色是为印刷工业开发的一种颜色模式，它的 4 种颜色分别代表了印刷中常用的油墨颜色（Cyan 青，Magenta 品红，Yellow 黄，Black 黑），将 4 种颜色按照一定的比例混合起来，就能得到范围很广的颜色。由于 CMYK 颜色比 RGB 颜色的范围要小一些，故将 RGB 位图转换为 CMYK 位图时，会出现颜色损失的现象。

8.1.7　描摹位图

1．快速描摹位图

使用【快速描摹】命令，可以快速完成位图转换为矢量图。

2．中心线描摹位图

使用【中心线描摹】命令可以更加精确的调整转换参数，包括【技术图解】和【线条画】命令。

3．轮廓描摹位图

【轮廓描摹】是使用无轮廓的曲线色块来描摹图像，它有以下几种描摹方式：线条图、徽标、详细徽标、剪贴画、低质量图像和高质量图像。

8.1.8　滤镜效果

1．三维效果

图像应用三维效果，可使画面产生纵深感。三维效果包括三维旋转、柱面和浮雕、卷页等 7 种效果。

2．艺术笔触效果

艺术笔触效果包括炭笔画效果、钢笔画效果、素描效果、蜡笔效果等 14 种。

3．模糊效果

模糊效果包括定向平滑、高斯式模糊、动态模糊等 9 种效果。

4．相机效果

可模仿照相机的原理，使图像形成一种平滑的视觉过渡效果。

5．颜色变换效果

可以使位图生成各种颜色的变化，包括位平面效果、半色调效果和梦幻色调效果等 4 种。

6．轮廓图效果

轮廓图效果包括边缘检测效果、查找边缘效果和描摹轮廓效果。

7．创造性效果

创造性效果用各种趣味性的元素单体，将图像变换为富有创意的抽象画面，包括工艺、晶体化和马赛克等 14 种效果。

8．扭曲效果

扭曲效果包括块状、置换、龟纹等 10 种效果。

9．杂点效果

杂点效果包括添加杂点、最大值等 6 种效果。

8.2 课堂案例

8.2.1 案例：视觉艺术

知识点提示：本案例中主要介绍【位图】菜单中【灰度】命令、【黑白】命令，工具箱中的【交互式透明度工具】🔲、【文本工具】🔲的使用方法与相关知识，图形文字相互衬托，产生一种层次鲜明的效果。

1. 案例效果

案例效果如图 8-1 所示。

图 8-1 视觉艺术

2. 案例制作流程

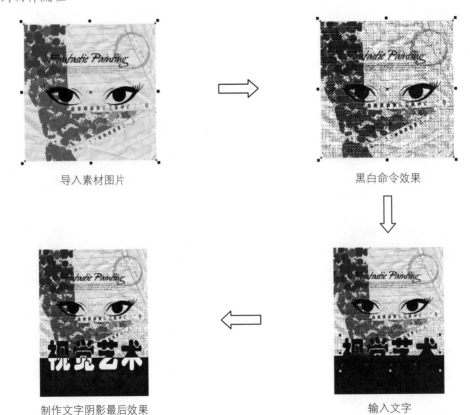

导入素材图片　　　　　　　　　　黑白命令效果

制作文字阴影最后效果　　　　　　输入文字

3．案例操作步骤

（1）执行【文件】→【新建】命令，新建一个名称为"视觉艺术"的文档，在弹出的【创建新文档】对话框中设置【大小】为 A4，【原色模式】为 CMYK，【渲染分辨率】为 300dpi，如图 8-2 所示。

（2）执行【文件】→【导入】命令，导入"眼睛 .jpg"位图素材文件，调整图片到合适位置，如图 8-3 所示。

图 8-2　创建新文档

图 8-3　眼睛素材文件

（3）单击【挑选工具】按钮将图片选中，执行【位图】→【模式】→【灰度】命令，效果如图 8-4 和图 8-5 所示，单击【交互式透明度工具】按钮，为其增加透明度，如图 8-6 所示。

图 8-4　位图模式菜单

图 8-5　灰度模式

图 8-6　应用交互式透明效果

（4）再次执行【文件】→【导入】命令，导入"眼睛 .jpg"位图素材文件，将图片放到调整好的透明度图片之上，如图 8-7 所示。执行【位图】→【模式】→【黑白】命令，参数设置如图 8-8 和图 8-9 所示，效果如图 8-10 所示。

图 8-7　放置眼睛素材文件

图 8-8　位图模式菜单

（5）单击【交互式透明度工具】按钮，为其增加透明度，如图 8-11 所示。单击工具箱中的【矩形工具】按钮，绘制一个矩形并为矩形填充黑色，右击调色板中的按钮取消轮廓线，如图 8-12 所示。

图 8-9　黑白模式对话框

图 8-10　应用黑白模式效果

图 8-11　【交互式透明度工具】应用

图 8-12　绘制黑色矩形

（6）单击工具箱中的【文本工具】按钮☒，输入文字"视觉艺术"，如图 8-13 所示。

（7）单击【选择工具】按钮☒，框选黑色矩形和文字，单击属性栏【相交】按钮☒，选中相交后的部分填充白色，调整顺序到最前面，如图 8-14 所示。

图 8-13　输入文字

图 8-14　文字反白效果

（8）单击【选择工具】按钮☒选中黑色文字部分，按快捷键 Ctrl+C、Ctrl+V，复制并粘贴出另一份文字，单击属性栏【垂直镜像】按钮☒，填充灰色，调整位置如图 8-15 所示，单击【交互式透明度工具】按钮☒，为其增加透明度，如图 8-16 所示。

（9）最终效果如图 8-17 所示。

图 8-15　制作阴影文字　　　　图 8-16　给阴影文字做交互式透明度处理　　　　图 8-17　最终效果

8.2.2　案例：卷页照片

知识点提示：本案例中主要介绍【位图】菜单中的【卷页】命令、【效果】菜单中的【置于图文框内部】命令、【提取内容】命令、【亮度 / 对比度 / 强度】命令的使用方法与相关知识。

1．案例效果

案例效果如图 8-18 所示。

图 8-18　卷页照片

2．案例制作流程

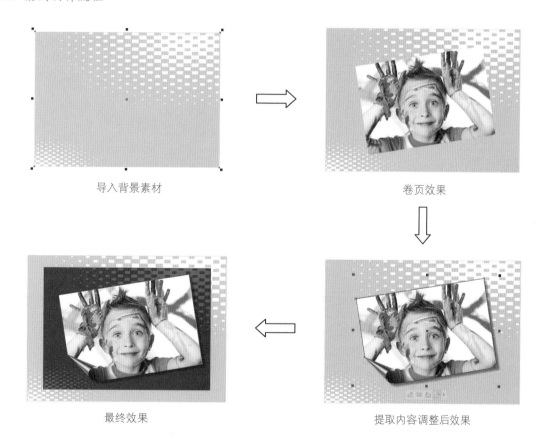

导入背景素材　　　　　　　　　　　　　　　卷页效果

最终效果　　　　　　　　　　　　　　　提取内容调整后效果

3．案例操作步骤

（1）执行【文件】→【新建】命令，新建一个名称为"卷页照片"的文档，在弹出的【创建新文档】对话框中设置【大小】为 A4，【原色模式】为 CMYK，【渲染分辨率】为 300dpi，如图 8-19 所示。

（2）执行【文件】→【导入】命令，导入"背景 .jpg"素材文件，调整图片到合适位置，如图 8-20 所示。

图 8-19　创建新文档

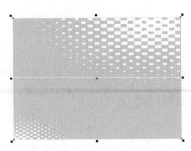

图 8-20　背景素材

（3）执行【文件】→【导入】命令，导入"油漆男孩.jpg"照片素材文件，如图 8-21 所示，再次单击人像图片，将光标移至 4 个角的控制点上，按住鼠标左键拖动，将其旋转到合适的角度，如图 8-22 所示。

图 8-21　油漆男孩素材

图 8-22　旋转人像图片

（4）执行【位图】→【三维效果】→【卷页】命令，在弹出的【卷页】对话框中设置参数如图 8-23 和图 8-24 所示，然后单击【确定】按钮，如图 8-25 所示。

图 8-23　【位图】菜单

图 8-24　【卷页】对话框

图 8-25　应用卷页后效果

（5）单击工具箱中的【钢笔工具】按钮，在照片素材上绘制一个大小合适的多边形并填充灰色，如图 8-26 所示，单击工具箱中的【阴影工具】按钮，在绘制的多边形上按住鼠标左键向右下角拖动，制作出阴影部分，如图 8-27 所示。

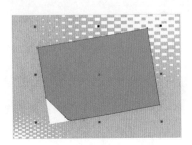

图 8-26　绘制灰色多边形

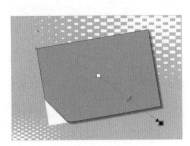

图 8-27　添加阴影效果

（6）将绘制的阴影多边形移至一边，如图 8-28 所示，然后单击照片素材，执行【效果】→【图框精确剪裁】→【置于图文框内部】命令，当光标变为黑色箭头形状时，单击绘制的多边形，如图 8-29 所示。

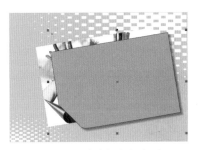

图 8-28　移动灰色多边形

图 8-29　置于图文框内部效果

（7）执行【效果】→【图框精确剪裁】→【提取内容】命令，如图 8-30 所示，当多边形变为线框模式时，如图 8-31 所示，单击选中人像素材，将其移至多边形内，如图 8-32 所示。

图 8-30　【效果】菜单

图 8-31　提取内容操作过程

图 8-32　提取内容后效果

（8）单击【选择工具】按钮 将背景选中，按快捷键 Ctrl+D 再制一个背景，按 Shift 键，拖动角点将其等比例缩小，如图 8-33 所示，执行【效果】→【调整】→【亮度 / 对比度 / 强度】命令，参数设置如图 8-34 和图 8-35 所示，单击【确定】按钮，最终效果如图 8-36 所示。

图 8-33　等比例缩小背景

图 8-34　【效果】菜单

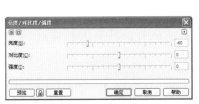

图 8-35　【亮度 / 对比度 / 强度】对话框

图 8-36　最终效果

8.2.3 案例：图片合成

知识点提示：本案例中主要介绍【位图】菜单中的【位图颜色遮罩】命令、【效果】菜单中【反显】命令、【色度／饱和度／亮度】命令的使用方法与相关知识，利用此方法可以快速合成图片，实用性较强。

1. 案例效果

案例效果如图 8-37 所示。

图 8-37　图片合成

2. 案例制作流程

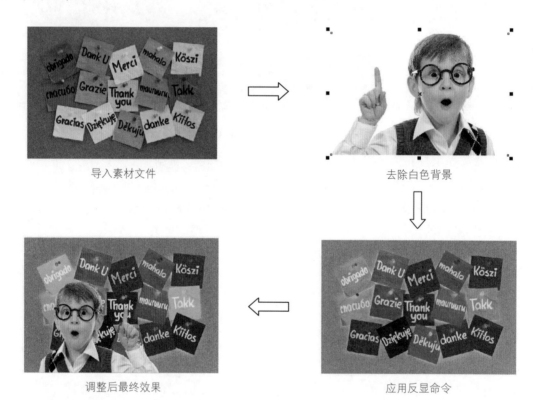

导入素材文件　　　　　　　　　　　　　　　　　去除白色背景

调整后最终效果　　　　　　　　　　　　　　　　应用反显命令

3. 案例操作步骤

（1）执行【文件】→【新建】命令，新建一个名称为"图片合成"的文档，在弹出的【创建新文档】对话框中设置【大小】为 A4，【原色模式】为 CMYK，【渲染分辨率】为 300dpi，如图 8-38 所示。

（2）执行【文件】→【导入】命令，导入"标签 .jpg"、"白背景男孩 .jpg"素材文件，调整图片到合适位置，如图 8-39 和图 8-40 所示。

（3）单击【选择工具】按钮，选择"白背景男孩 .jpg"图片，执行【位图】→【位图颜色遮罩】命令，在其中设置如图 8-41 和图 8-42 所示的参数后，用【位图颜色遮罩】面板中的吸管工具在白色背景位置单击，如图 8-43 所示，单击【应用】按钮，白色背景被去除，如图 8-44 所示。

图 8-38 创建新文档

图 8-39 标签素材

图 8-40 白色背景男孩

图 8-41 【位图】菜单

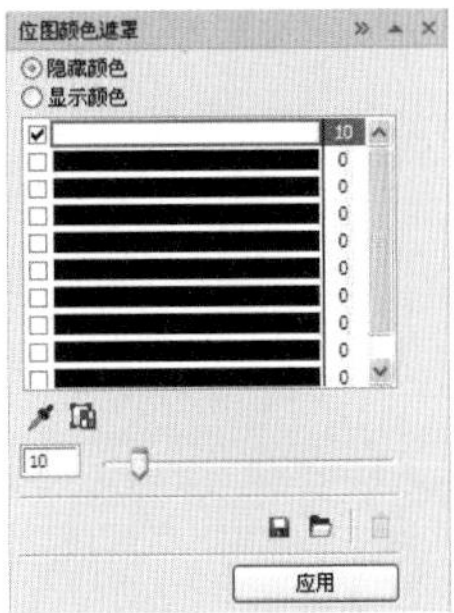

图 8-42 【位图颜色遮罩】面板

图 8-43 吸管操作过程

（4）单击【选择工具】按钮选择"标签.jpg"图片，执行【效果】→【变换】→【反显】命令，如图 8-45 所示，效果如图 8-46 所示。

图 8-44 去除白色背景效果

图 8-45 【效果】菜单

图 8-46 标签素材应用反显效果

（5）单击【选择工具】按钮选择"标签.jpg"图片，执行【效果】→【调整】→【色度/饱和度/亮度】命令，参数设置如图 8-47 和图 8-48 所示，效果如图 8-49 所示。

（6）单击【选择工具】按钮选择去除背景后的"男孩.jpg"图片，放置到"标签.jpg"图片上，调整大小，水平翻转，最终效果如图 8-50 所示。

图 8-47 【效果】菜单

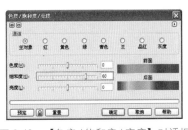

图 8-48 【色度/饱和度/亮度】对话框

图 8-49　调整后标签素材效果

图 8-50　最终效果

8.2.4　案例：装饰画

知识点提示：本案例中主要介绍【位图】菜单中的【位平面】命令，【交互式透明度工具】，【效果】菜单中的【透镜】命令的使用方法与相关知识。

1．案例效果

案例效果如图 8-51 所示。

图 8-51　装饰画

2．案例制作流程

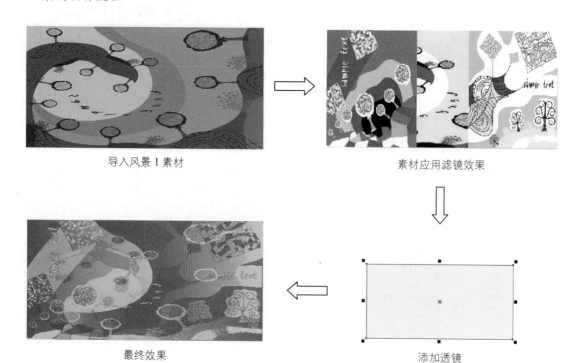

导入风景 1 素材　　　　　　　　　　素材应用滤镜效果

最终效果　　　　　　　　　　　添加透镜

3．案例操作步骤

（1）执行【文件】→【新建】命令，新建一个名称为"装饰画"的文档，在弹出的【创建新文档】对话框中设置【大小】为 A4，【原色模式】为 CMYK，【渲染分辨率】为 300dpi，如图 8-52 所示。

（2）执行【文件】→【导入】命令，导入"风景 1.jpg"、"风景 2.jpg"、"风景 3.jpg"素材文件，调整图片到合适位置，如图 8-53、图 8-54 和图 8-55 所示。

图 8-52　创建新文档

图 8-53　风景 1 素材

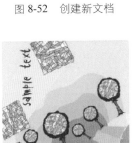

图 8-54　风景 2 素材

图 8-55　风景 3 素材

（3）单击【选择工具】按钮，选择"风景 1.jpg"图片，再次单击旋转 90 度并调整宽度，如图 8-56 所示，执行【位图】→【颜色转换】→【位平面】命令，如图 8-57 所示，参数设置如图 8-58 所示，效果如图 8-59 所示。

图 8-56　调整风景 1 素材宽度

图 8-57　【位图】菜单

图 8-58　【位平面】对话框

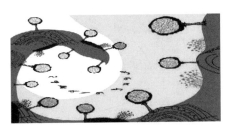

图 8-59　应用位平面效果

（4）单击【选择工具】按钮，选择"风景2.jpg"、"风景3.jpg"素材图片，分别执行【位图】→【颜色转换】→【位平面】命令，参数设置如图8-60和图8-61所示，效果如图8-62和图8-63所示。

图8-60　风景2【位平面】对话框　　　　　　　　图8-61　风景3【位平面】对话框

图8-62　风景2应用位平面效果　　　　　　　　图8-63　风景3应用位平面效果

（5）单击【选择工具】按钮，选择处理好的"风景2.jpg"、"风景3.jpg"素材图片，移动到"风景1.jpg"素材图片上，如图8-64所示，单击【交互式透明度工具】按钮，为它们分别增加透明度，如图8-65所示。

图8-64　风景2、风景3放置位置　　　　　　　　图8-65　添加交互式透明度效果

（6）单击【选择工具】按钮框选，按快捷键Ctrl+G执行【群组】命令，再次单击工具箱中的【矩形工具】按钮，绘制一个等大的矩形，填充黄色，取消轮廓线，如图8-66所示。

（7）执行【效果】→【透镜】命令，参数设置如图8-67和图8-68所示，最终效果如图8-69所示。

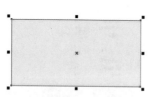

图8-66　绘制黄色矩形　　　　　　　　　　　图8-67　【效果】菜单

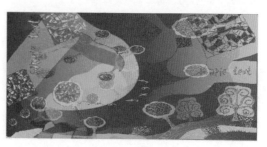

图8-68　【透镜】面板　　　　　　　　　　　图8-69　最终效果

8.3　本章小结

本章重点介绍 CorelDRAW 强大的滤镜功能，通过学习滤镜的各种功能后，可以掌握滤镜的特点，结合实际进行操作，为以后在图像处理过程中应用滤镜打下坚实的基础。

8.4　拓展练习

根据所学内容绘制和编辑儿童摄影书籍封面，效果如图 8-70 所示。

图 8-70　拓展实例

8.5　思考与练习

一、填空题

1．将位图导入 CorelDRAW 时，在导入对话框中有全图像、_____、重新取样三种选项可供选择。

2．颜色模式中颜色范围最大的是 _____。

3．CorelDRAW 的位图处理与其他位图处理软件相比有许多不同，_____ 是其最大的特色。

4．使用浮雕滤镜创建凹陷的效果，光源的位置应在 _____ 下角。

二、选择题

1．以下关于艺术笔画滤镜中的炭笔画滤镜的说法不正确的是（　　）。

　　A．炭笔的大小和边缘的浓度可以在 1 到 10 的比例之间调整

　　B．最后的图像效果只能包含灰色

　　C．图像的颜色模型不会改变

　　D．既改变了图像的颜色模型也改变了图像的颜色

2．在 CorelDRAW 中导出文件的步骤是（　　）。

　　A．选择文件 / 导出　　　　　　　　　　B．选择要导出的对象

　　C．在文件类型列表框中选择一种文件格式　　D．键入文件名并导出

3．在 CorelDRAW 中的位图编辑功能，以下描述正确的是（　　）。

A．在 CorelDRAW 中，矢量图形可转换为位图

B．可将位图导入 CorelDRAW 中

C．可对位图添加颜色遮罩、水印、特殊效果

D．可更改位图图像的颜色和色调

4．在 RGB 颜色模式的基础上，修改位图的颜色，需要执行（　　）命令。

A．【位图】→【颜色变换】→【位平面】　　B．【效果】→【调整】→【颜色】

C．【效果】→【封套】　　D．【位图】→【模式】→【应用】

三、思考题

位图与矢量图的区别有哪些？

第9章 打印输出与综合行业案例设计

教学目标:

通过本章内容的学习,可以使读者学会在 CorelDRAW 中打印文件、输出前准备、PDF 输出、印前等相关技术,掌握了这些功能的使用技巧能够让设计师更好的展现自己的作品。

重点难点:

打印前【设置】、【打印预览】,【打印文档】、【商业印刷】功能的应用。

9.1 相关知识

作品设计好之后,需要将设计作品打印输出,这是整个设计过程中最后一个步骤,也是非常重要的一个步骤,它直接关系到打印输出的效果。这就需要读者了解 CorelDRAW 中文件打印的相关知识,掌握这些知识后可使得打印效果有了保证,确保打印输出的产品符合设计要求。

图形的打印输出

图形在打印之前,可以进行预览、参数设置以及打印选项设置等。

1. 打印设置

在打印设计作品之前,可以通过【打印设置】对话框进行页面和打印机设置,具体的操作步骤如下:

(1)打开设计好的图形文件。

(2)执行【文件】→【打印设置】命令,弹出【打印设置】对话框。

(3)单击【属性】按钮,弹出【属性】对话框,在其中可以对页面的大小和方向进行设置。

(4)单击【高级】选项卡,在其中可以对打印文件输出的方式和默认文件夹的位置进行设置。

2. 打印预览

在正式打印之前,进行打印预览,无疑是对打印效果的一种质保。执行【文件】→【打印预览】命令,可以对当前打开的文件进行预览。

3. 打印文档

(1)打印多个副本

如果要将一幅作品打印多个副本图形,就需要设置页面格式。选择菜单栏中的【文件】→【打印预览】命令，进入打印预览窗口，在工具箱中单击【版面布局工具】按钮。

（2）打印大幅作品。

如果需要打印的作品比打印纸大，可以把它【平铺】到几张纸上，然后把各个分离的页面组合在一起，以构成完整的图像作品。选择菜单栏中的【文件】→【打印】命令，或使用快捷键 Ctrl+P，打开【打印】对话框，在此对话框中打开【布局】选项卡，选中【打印平铺页面】复选框，在【平铺重叠】输入框中可输入数值或页面大小的百分比，并指定平铺纸张的重叠程度。单击【打印】按钮，即可开始打印，也可单击【打印预览】按钮，进入打印预览窗口查看打印效果。在预览窗口中，将鼠标指针移向页面，可观察打印作品的重叠部分及所需要的纸张数目。

（3）指定打印内容。

在 CorelDRAW 中不仅可以在一张页面中打印一幅图像的多个副本，或将一幅大图分多个纸张打印，还可以打印指定的页面、对象以及图层，也可指定打印的数量以及是否对副本排序。

（4）分色打印。

分色打印主要用于专业的出版印刷，如果给输出中心或印刷机构提交了彩色作品，那么就需要创建分色片。由于印刷机每次只在一张纸上应用一种颜色的油墨，因此分色片是必不可少的。

（5）设置印刷标记。

在 CorelDRAW 中可以对打印作品设置印刷标记，这样可以将颜色校准、裁剪标记等信息输送到打印页面，以利于在印刷输出中心校准颜色和裁剪。

（6）拼版。

拼版样式决定了如何将打印作品的各页放置到打印页面中。例如，将要制作的三折页输出到打印机，以适合折叠需要时，就要用到拼版。

4．商业印刷

（1）准备印刷作品。

商业印刷机构需要用户提供：.PRN、.CDR、.EPS 文件信息。

【.PRN 文件】如果能全权控制印前的设置，可以把打印作品存储为 .PRN 文件。商业打印机构直接把这种打印文件传送到输出设备上，将打印作品存储为 .PRN 文件时，还要附带一张工作表，上面标出所有指定的印前设置。

【.CDR 文件】如果没有时间或不知道如何准备打印文件，可以把打印作品存储为 .CDR 文件，只要商业打印机构配有 CorelDRAW 软件，就可以使用印前设置进行设置。

【.EPS 文件】有些商业打印机构能够接受 .EPS 文件，输出中心可以把这类文件导入其他应用程序，然后进行调整并最后印刷。

（2）打印到文件。

如果需要将 .PRN 文件提交到商业输出中心，以便在大型照排机上输出，就需要把作业打印到文件。当要打印到文件时，需要考虑以下几点：

①打印作业的页面（如文档制成的胶片）应当比文档的页面（即文档自身）大，这样才能容纳打印机的标记；②照排机在胶片上产生图像，这时胶片通常是负片，所以在打印到文件时可以设置打印作品产生负片；③如果使用 PostScript 设备打印，那么可以使用 .JPEG 格式来压缩位图，以使打印作品更小。

5．发布为 PDF 文件

PDF 文件易于在计算机上阅读并传输，在 CorelDRAW 中，可以方便地将设计好的作品输出为 PDF 文件，具体的操作步骤如下：

（1）打开需要输出为 PDF 的文件。

（2）执行【文件】→【发布至 PDF】命令，弹出【发布至 PDF】对话框，设置好保存路径及文件名。

（3）单击【保存】按钮，开始输出 PDF 文件，使用 PDF 文件阅读器打开 PDF 文件，发布为 Web 文件。

9.2　课堂案例

9.2.1　案例：光盘封面包装设计

知识点提示：本案例中主要使用【矩形工具】□、【椭圆形工具】○、【渐变填充工具】、【效果】、【排列】、【艺术笔工具】⬝、【图框精确剪裁】、【贝塞尔工具】⬝、【交互式透明度工具】□、【文本工具】F、【交互式阴影】工具□的相关知识绘制。

1．案例效果

案例效果如图 9-1 所示。

图 9-1　光盘封面包装

2．案例制作流程

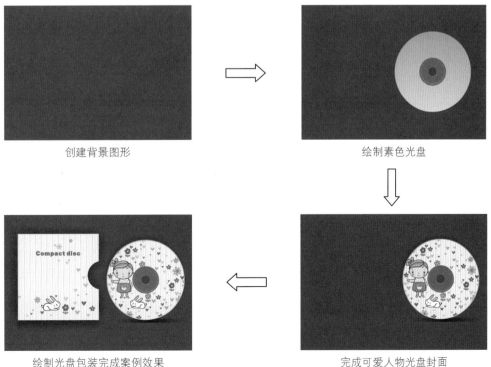

创建背景图形　　　　　　　　　　绘制素色光盘

绘制光盘包装完成案例效果　　　　完成可爱人物光盘封面

3．案例操作步骤

（1）执行【文件】→【新建】命令，新建一个名称为"光盘封面包装"的横向文档，双击工具箱【矩形工具】按钮，在绘图页面内创建一个与页面大小一致的矩形，并执行【均匀填充】命令，如图 9-2 所示。

（2）绘制素色光盘，按住 Ctrl 键的同时使用【椭圆形工具】绘制正圆形如图 9-3 所示，并执行【填充渐变】命令，参数设置如图 9-4 所示，填充效果如图 9-5 所示，再绘制一同心圆，使用【选择工具】全选两个正圆执行属性栏【简化】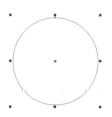命令，如图 9-6 所示。

图 9-2　创建灰色背景

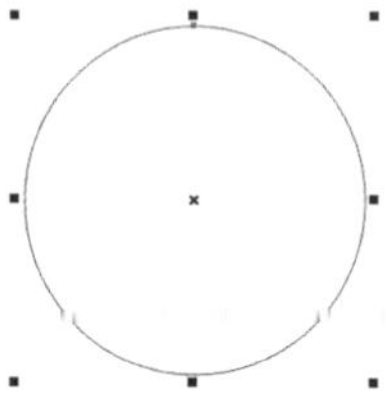

图 9-3　绘制正圆

图 9-4　设置渐变填充参数

图 9-5　绘制渐变椭圆

图 9-6　绘制圆环图形

（3）选择【椭圆形工具】在圆环对象中心按住快捷键 Ctrl+Shift 的同时绘制小同心圆并填充颜色，如图 9-7 所示，再绘制小同心圆，并填充渐变颜色如图 9-8 所示，继续刻画光盘中心细节，选择【椭圆形工具】绘制多个同心圆并填充不同的颜色，如图 9-9 和图 9-10 所示，完成素色光盘如图 9-11 所示。

图 9-7　绘制光盘中心

图 9-8　填充渐变

（4）绘制光盘封面图案，选择工具箱【矩形工具】绘制矩形并填充颜色，如图 9-12 所示，再绘制细条，执行菜单栏【排列】→【变换】→【位置】命令，复制出多个细条，然后执行【全选】→【群组】命令，如图 9-13 所示。使用【艺术笔工具】执行【压力】命令，调节笔触宽度绘制波纹线条，

执行菜单栏【排列】→【变换】→【位置】命令，复制出多个波纹细条，然后执行【全选】→【群组】命令，如图 9-14 所示，将光盘封面底色与条纹、波纹图像执行【全选】→【排列】→【对齐和分布】→【垂直居中对齐】→【群组】命令，如图 9-15 所示。

图 9-9　光盘中心细节

图 9-10　完成光盘中心绘制

图 9-11　完成素色光盘

图 9-12　光盘封面底色

图 9-13　绘制条纹图像

图 9-14　绘制波纹图像

图 9-15　完成光盘封面背景

（5）使用【艺术笔工具】调节【笔触宽度】与【预设笔触】绘制花瓣，如图 9-16 所示，同样方法绘制五瓣花朵，执行【全选】→【填色】命令，再绘制花心，将花朵与花心执行【群组】命令，完成五瓣花朵如图 9-17 所示。同样方法再绘制七瓣花朵如图 9-18 所示，六瓣小花如图 9-19 所示，心形如图 9-20 所示。

图 9-16　绘制花瓣

图 9-17　绘制五瓣花朵

图 9-18　绘制七瓣花朵

图 9-19　绘制六瓣小花　　　　　　　　　　　图 9-20　绘制心形

（6）使用【贝塞尔工具】和【形状工具】绘制小女孩的脸，如图 9-21 所示，用同样方法绘制小女孩的发型、身体、腿脚、外轮廓、五官如图 9-22 至图 9-26 所示，注意在绘制每个区域时必须闭合。

图 9-21　绘制小女孩的脸　　　　图 9-22　绘制小女孩发型　　　　图 9-23　绘制身体

图 9-24　绘制腿脚　　　　　　图 9-25　绘制外轮廓　　　　　图 9-26　绘制五官

（7）使用【选择工具】单击完成的小女孩外轮廓填色，如图 9-27 所示，选择小女孩内部全部对象填充白色，如图 9-28 所示，为小女孩的脸、手、腿、头发、衣服、鞋填充不同颜色，如图 9-29 所示。为小女孩衣服填充颜色，选择【交互式透明度工具】设置透明度类型为【双色图样】，通过拖动圆形控制点等比例调整图案的大小，再使用【贝塞尔工具】和【形状工具】绘制女孩手中的小花，如图 9-30 所示。

图 9-27　填充外轮廓　　　　　　　　　　　图 9-28　内部填充白色

图 9-29　填充颜色

图 9-30　绘制小花

（8）使用【贝塞尔工具】 ✎和【形状工具】 ◣绘制小兔形状与脸，如图 9-31 所示，用同样方法绘制小兔外轮廓，如图 9-32 所示，注意在绘制每个区域时必须闭合。为小兔内外轮廓填色，小兔完成效果如图 9-33 所示。

图 9-31　绘制小兔内部形状与脸部

图 9-32　绘制小兔外轮廓

图 9-33　完成小兔绘制

（9）使用【选择工具】 ◣选择花朵与心形，反复执行【复制】→【粘贴】命令，将小女孩、兔子、花朵、心形放在光盘封面背景适当的位置，全选执行【群组】命令，如图 9-34 所示，复制光盘圆环，选中光盘封面执行【效果】→【图框精确剪裁】→【置于图文框内部】命令于素色圆环上，如图 9-35 所示。

图 9-34　完成光盘封面绘制

图 9-35　剪裁后光盘封面

（10）按住 Ctrl 键的同时使用【椭圆形工具】 ◯绘制正圆，执行【渐变填充】命令，设置类型为【辐射】，如图 9-36 和图 9-37 所示。再使用【交互式透明度工具】 ◪调节透明中心点，如图 9-38 所示，选中【选择工具】 ◣将透明正圆压缩，移动到光盘下，选择【交互式阴影工具】 ◻添加阴影，如图 9-39 所示。

（11）使用【选择工具】 ◣单击完成的光盘封面背景、花朵、小兔子、心形，执行【复制】→【粘贴】命令，调整位置绘制光盘纸袋封面，如图 9-40 所示，选择【文本工具】 Ａ添加英文 Compact disk，如图 9-41 所示。

图 9-36　设置渐变填充

图 9-37　完成辐射渐变填充

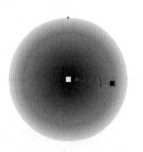

图 9-38　设置透明度

图 9-39　添加阴影

图 9-40　绘制光盘纸袋封面

图 9-41　添加文字

（12）使用【矩形工具】□与【椭圆形工具】○绘制矩形和正圆形如图 9-42 图形，选择两个图形执行属性栏中的【简化】□命令，如图 9-43 所示。

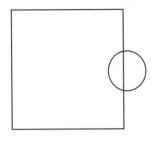

图 9-42　绘制矩形与正圆形

图 9-43　绘制光盘纸袋轮廓线形状

（13）选中光盘纸袋封面，执行【效果】→【图框精确剪裁】→【置于图文框内部】命令于纸袋轮廓线上，选择【轮廓笔工具】执行【无轮廓】命令，去掉纸袋轮廓线。再选择【交互式阴影工具】□添加【小型辉光】类型阴影，如图 9-44 所示。选择【矩形工具】□绘制矩形，再使用【交互式透明度工具】调节透明中心点，如图 9-45 所示。

图 9-44　完成纸袋绘制

图 9-45　添加透明效果

（14）选择完成的半透明矩形和光盘纸袋封面，执行【群组】命令，将光盘和纸袋移至灰色背景适当的位置，完成案例效果如图 9-46 所示。

图 9-46　完成案例

9.2.2　案例：VIP 会员卡

知识点提示：本案例中主要介绍【矩形工具】▢、【渐变填充工具】、【贝塞尔工具】⬈、【形状工具】⬈、【效果】、【排列】、【轮廓笔工具】✎、【图框精确剪裁】、【文本工具】☰、【交互式阴影工具】▣ 的使用方法与相关知识。

1. 案例效果

案例效果如图 9-47 所示。

图 9-47　完成案例效果

2. 案例制作流程

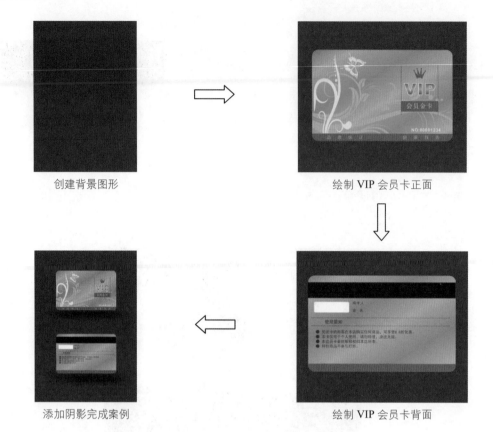

创建背景图形　　　　　　　　　　　　　绘制 VIP 会员卡正面

添加阴影完成案例　　　　　　　　　　　绘制 VIP 会员卡背面

3. 案例操作步骤

　　（1）执行【文件】→【新建】命令，新建一个名称为"VIP 会员卡"的纵向文档，如图 9-48 所示。双击工具箱【矩形工具】回按钮，在绘图页面内创建一个与页面大小一致的矩形，并执行【均匀填充】命令，如图 9-49 所示。

图 9-48　创建新文档

图 9-49　创建背景

　　（2）选择工具箱【矩形工具】回绘制矩形，再选中【形状工具】回通过拖动矩形边角节点改变矩形圆滑程度，完成圆角，如图 9-50 所示。选择【渐变填充工具】对圆角矩形填充，渐变参数如图 9-51 所示，完成会员卡背景色如图 9-52 所示。

　　（3）选择【贝塞尔工具】回绘制装饰花纹 1，再使用【形状工具】回调整后如图 9-53 所示，然后选择【填充工具】回执行【均匀填充】命令，设置颜色 CMYK 数值如图 9-54 所示，选择【轮廓笔工具】回执行【无轮廓】命令，如图 9-55 所示。

图 9-50　绘制圆角矩形　　　　　　图 9-51　设置渐变填充　　　　　　图 9-52　会员卡背景色

图 9-53　绘制花纹 1　　　　　　图 9-54　颜色参数　　　　　　图 9-55　填充颜色

（4）选择【贝塞尔工具】绘制装饰花纹 2，再使用【形状工具】调整后如图 9-56 所示，然后选择【填充工具】执行【均匀填充】命令，设置颜色 CMYK 数值如图 9-57 所示，选择【轮廓笔工具】执行【无轮廓】命令，如图 9-58 所示。

图 9-56　绘制花纹 2　　　　　　图 9-57　颜色参数　　　　　　图 9-58　填充颜色

（5）选择【贝塞尔工具】绘制装饰花纹 3，再使用【形状工具】调整后如图 9-59 所示，然后选择【填充工具】执行【均匀填充】命令，设置颜色 CMYK 数值如图 9-60 所示，选择【轮廓笔工具】执行【无轮廓】命令，如图 9-61 所示。

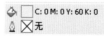

图 9-59　绘制花纹 3　　　　　　图 9-60　颜色参数　　　　　　图 9-61　填充颜色

（6）选择【贝塞尔工具】绘制蝴蝶，再使用【形状工具】调整后如图 9-62 所示，然后选择【填充工具】⬙执行【均匀填充】命令，设置颜色 CMYK 数值如图 9-63 所示，选择【轮廓笔工具】⬙执行【无轮廓】命令，如图 9-64 所示。

图 9-62　绘制蝴蝶　　　　　　　　图 9-63　颜色参数　　　　　　　　图 9-64　填充颜色

（7）使用【文本工具】🄰添加大写英文字母 VIP，选择【填充工具】⬙执行【渐变填充】命令，设置自定义颜色如图 9-65 所示，填充后效果如图 9-66 所示。

图 9-65　设置自定义颜色　　　　　　　　　　图 9-66　填充颜色

（8）使用【贝塞尔工具】🖊绘制皇冠并填充颜色，如图 9-67 和图 9-68 所示，选择【椭圆形工具】◯绘制正圆，为皇冠添加圆珠，填充相同的颜色，最后将其全选并执行【群组】命令，如图 9-69 所示。

图 9-67　设置颜色　　　　　　　　　　　　图 9-68　绘制皇冠

（9）选择【矩形工具】▢按钮绘制矩形，再使用【文本工具】🄰添加文字并填充白色，然后选择【手绘工具】🖊绘制竖线，执行【复制】→【粘贴】命令，将皇冠、英文字母、文字、矩形、竖线调整其大小和位置，最后将其全选并执行【群组】命令，如图 9-70 所示。

图 9-69　添加圆珠　　　　　　　　　　　图 9-70　完成会员卡图标

（10）使用【选择工具】将花纹和蝴蝶移至会员卡背景上，将其全选并执行【群组】命令，如图 9-71 所示，再选择【矩形工具】按钮绘制矩形，将矩形移至会员卡底部，使用【选择工具】选择会员卡与矩形，在属性栏中执行【相交】命令后填充颜色与皇冠相同，如图 9-72 所示。再使用【文本工具】添加卡片编号与文字并填充颜色，如图 9-73 和图 9-74 所示，选择会员卡图标，右击鼠标执行【顺序】→【置于对象前】命令，将图标移到会员卡适当位置，最后将其全选并执行【群组】命令，完成会员卡正面的绘制如图 9-75 所示。

图 9-71　制作花纹背景

图 9-72　添加边条

图 9-73　添加卡片编号

图 9-74　边条添加文字

图 9-75　完成会员卡正面绘制

（11）选择【交互式阴影工具】在会员卡底部左击鼠标同时拖动黑色方框图标，添加阴影，如图 9-76 所示。

（12）选择会员卡背景执行【复制】命令，再使用【矩形工具】按钮绘制矩形，将矩形移至会员卡适当位置，使用【选择工具】选择会员卡与矩形，在属性栏中执行【相交】命令后填充黑色，绘制会员卡背面磁条，如图 9-77 所示。

图 9-76　添加阴影

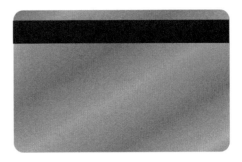

图 9-77　绘制会员卡背面磁条

（13）使用【矩形工具】按钮绘制矩形并填充白色，选择【文本工具】添加黑色文字，如图 9-78 所示。选择【轮廓笔工具】设置样式如图 9-79 所示，再使用【手绘工具】绘制两条直线，选择【文本工具】添加黑色文字，如图 9-80 所示。

图 9-78　添加持卡人签名区

图 9-79　设置轮廓笔样式

图 9-80　添加持卡人签名区

（14）选择【矩形工具】按钮▢绘制矩形，将矩形移至会员卡底部，使用【选择工具】▧选择会员卡与矩形，在属性栏中执行【相交】命令后填充颜色与皇冠相同，如图 9-81 所示。再使用【文本工具】圉添加使用须知相关内容文字，完成会员卡背面绘制，最后将其全选并执行【群组】命令，如图 9-82 所示。

图 9-81　绘制会员卡背面边条

图 9-82　完成会员卡背面

（15）选择【交互式阴影工具】▧，属性栏设置███████████████，在会员卡底部左击鼠标同时拖动黑色方框图标，添加阴影如图 9-83 所示。选择会员卡正面与背面，右击鼠标执行【顺序】→【置于对象前】命令，将会员卡移到背景适当位置，调整大小、位置后将其全选并执行【群组】命令，完成本案例的设计如图 9-84 所示。

图 9-83　添加阴影

图 9-84　完成案例

9.2.3　案例：化妆品外包装

知识点提示：本案例中主要介绍【辅助线】、【矩形工具】▢、【手绘工具】▧、【交互式封套工具】▧、【文本工具】圉、【图框精确剪裁】、【插入条码】、【对齐和分布】的使用方法与相关知识。

1．案例效果

案例效果如图 9-85 所示。

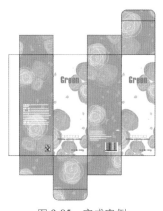

图 9-85　完成案例

2．案例制作流程

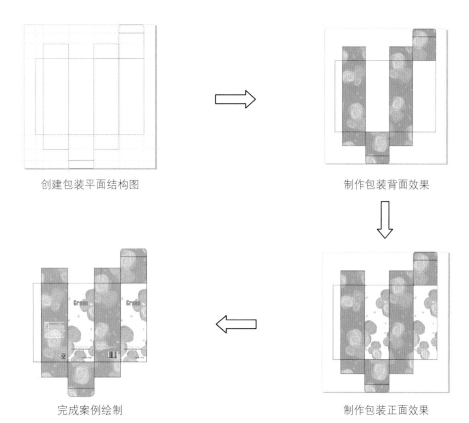

创建包装平面结构图　　　　　　　　　　　　制作包装背面效果

完成案例绘制　　　　　　　　　　　　　　制作包装正面效果

3．案例操作步骤

（1）按快捷键 Ctrl+N，新建一个名称为"化妆品外包装"的纵向文档，宽度为 425mm，高度为 450mm，如图 9-86 和图 9-87 所示。

图 9-86　设置页面大小

图 9-87　创建新文档

（2）按快捷键 Ctrl+J，弹出【选项】对话框，执行【文档】→【辅助线】→【水平】命令，在文字框中设置参数为 28mm，单击【添加】按钮，在页面中添加一条水平辅助线，再添加 60mm、112mm、337mm、390mm、422mm 的水平辅助线，单击【确定】按钮，如图 9-88 和图 9-89 所示。

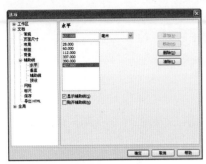

图 9-88　添加水平辅助线

图 9-89　添加水平辅助线效果

（3）按快捷键 Ctrl+J，执行【文档】→【辅助线】→【垂直】命令，在文字框中设置参数为 40mm，单击【添加】按钮，在页面中添加一条垂直辅助线，再添加 68mm、147.25mm、227.5mm、306.75mm、385mm 的垂直辅助线，单击【确定】按钮，如图 9-90 和图 9-91 所示。完成水平、垂直辅助线设定效果如图 9-92 所示。

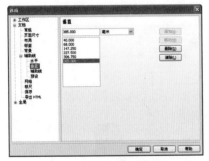

图 9-90　添加垂直辅助线

图 9-91　添加垂直辅助线效果

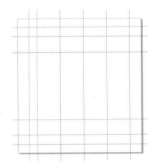

图 9-92　完成水平、垂直辅助线设定

（4）选择【矩形工具】□在页面中按照辅助线绘制多个矩形，效果如图 9-93 和图 9-94 所示，选择图形右上角矩形，在属性栏中【圆角半径】框中分别设置左上角矩形的边角圆滑度和右上角矩形的边角圆滑度数值均为 8mm，完成效果如图 9-95 所示。同样方法绘制图形最下方矩形圆滑边角，完成化妆品包装结构图如图 9-96 所示。

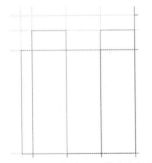

图 9-93　绘制大小不同的多个矩形

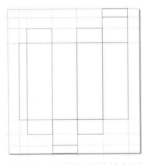

图 9-94　包装结构的基本型

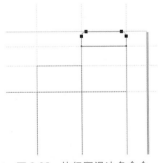

图 9-95　执行圆滑边角命令

（5）选择【矩形工具】□在页面中绘制新矩形，如图 9-97 所示，矩形状态栏参数如图 9-98 所示。

（6）选择【椭圆形工具】○绘制正圆，使用【交互式封套工具】拖动正圆上的节点，绘制不规则图形 1，选择【轮廓笔工具】执行【无轮廓】命令，颜色填充 CMYK 值设置为：38、5、100、0，效果如图 9-99 所示。用同样方法继续绘制不规则图形 2，颜色填充 CMYK 值设置为：25、1、67、0，无轮廓效果如图 9-100 所示，继续绘制不规则图形 3，颜色填充 CMYK 值设置为：33、4、92、0，无轮廓效果如图 9-101 所示。

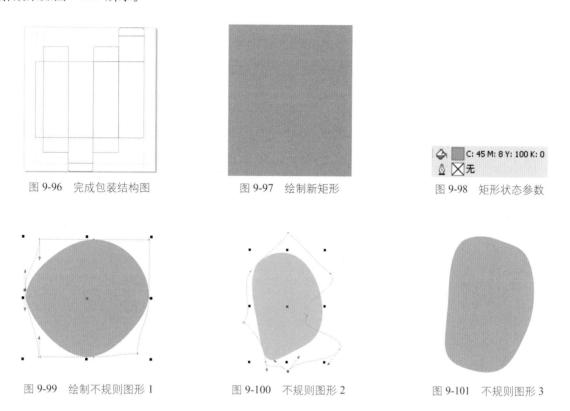

图 9-96　完成包装结构图　　　　　图 9-97　绘制新矩形　　　　　图 9-98　矩形状态参数

图 9-99　绘制不规则图形 1　　　　图 9-100　不规则图形 2　　　　图 9-101　不规则图形 3

（7）选择【选择工具】将 3 个不规则图形放在一起，调整位置、大小后用圈选的方法将其选中，按快捷键 Ctrl+G 执行【群组】命令，如图 9-102 所示。使用【手绘工具】绘制不规则线条，在线条属性栏设置 ，完成效果如图 9-103 所示。

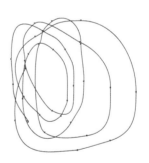

图 9-102　群组 3 个不规则图形　　　　　　　　图 9-103　绘制不规则线条

（8）使用【选择工具】选择不规则线条移动到不规则图形前，右击鼠标执行【顺序】→【置于此对象前】命令，将线条置于图形前，选择【轮廓笔工具】执行【轮廓色】命令，弹出对话框，选择白颜色，单击【确定】按钮，完成线条颜色的填充如图 9-104 所示，再使用【椭圆形工具】在花朵中心绘制大小不同的椭圆，完成花朵效果如图 9-105 所示。用【选择工具】圈选完成的花朵执行【复制】→【粘贴】命令两次，改变花朵的颜色、大小后圈选三个花朵，按快捷键 Ctrl+G 执行【群组】命令，效果如图 9-106 所示。

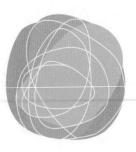

图 9-104　线条设置

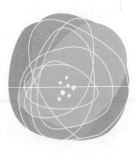

图 9-105　完成花朵绘制

图 9-106　复制花朵

（9）使用【贝塞尔工具】图绘制树叶如图 9-107 所示，选择【填充工具】图执行【均匀填充】命令，弹出对话框，选择颜色，单击【确定】按钮完成颜色的填充，去除图形轮廓线，效果如图 9-108 所示，颜色设置如图 9-109 所示。

图 9-107　绘制树叶

图 9-108　填充颜色

C: 30 M: 2 Y: 78 K: 0

图 9-109　颜色参数

（10）选择【基本形状工具】图在属性栏中选择【完美形状】中的【心形】，如图 9-110 所示，绘制心形填充颜色，去除轮廓线颜色如图 9-111 所示，参数设置如图 9-112 所示。使用【选择工具】图选择心形执行【复制】→【粘贴】命令，去除图像颜色，填充轮廓线颜色如图 9-113 所示，参数设置如图 9-114 所示。

（11）使用【选择工具】图选择花朵、树叶、心形分别执行【复制】→【粘贴】命令多次，将复制后的图形置于背景矩形前，调整方向、位置后圈选所有图形，执行【群组】命令如图 9-115 所示。

图 9-110　完美形状

图 9-111　绘制心形

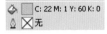

C: 22 M: 1 Y: 60 K: 0

图 9-112　心形颜色参数

图 9-113　绘制心形线

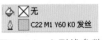

C22 M1 Y60 K0 发丝

图 9-114　心形线参数

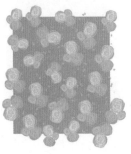

图 9-115　绘制包装背面图案

（12）使用【选择工具】选择包装结构图背面包装的矩形，执行【群组】命令，再选择包装背面的图案，执行【效果】→【图框精确剪裁】→【置于图文框内部】命令，鼠标的光标变为黑色箭头形状，在包装结构图的背面包装矩形上单击，效果如图 9-116 所示，将图片置入到所有包装背面矩形中。

（13）用同样的方法绘制包装正面图案如图 9-117 所示，再将图案置入到结构图的正面矩形中，效果如图 9-118 所示。

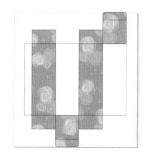  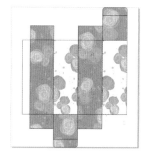

图 9-116　完成包装背面图案的填充　　　图 9-117　包装正面图案　　　图 9-118　完成包装正面图案的填充

（14）使用【文本工具】添加英文字母 Green，在属性栏中选择【文本属性】调整合适的字体并设置文字大小、颜色，效果如图 9-119 所示，参数设置如图 9-120 所示。在包装正面下方分别输入需要的文字，在属性栏中分别选择合适的字体、大小、颜色，效果如图 9-121 和图 9-122 所示。使用【选择工具】分别选择添加的文字，执行【群组】→【复制】→【粘贴】命令，将复制的文字移到另一个包装正面的图形上，圈选所有文字执行【排列】→【对齐和分布】→【底端对齐】命令，效果如图 9-123 所示。

 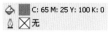 

图 9-119　添加文字　　　　　　　图 9-120　参数设置　　　　　　　图 9-121　添加文字

（15）执行【编辑】→【插入条码】命令，弹出【条码向导】对话框，在对话框中输入数字，如图 9-124 所示，单击【下一步】按钮，在弹出的对话框中进行设置后再次单击【下一步】按钮，依次进行设置后执行【下一步】命令，单击【完成】按钮，条码效果如图 9-125 所示。

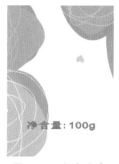 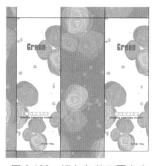 

图 9-122　添加文字　　　　图 9-123　添加包装正面文本　　　图 9-124　【条码向导】对话框

（16）使用【矩形工具】□绘制质量安全标志外轮廓矩形，如图 9-126 所示，参数设置如图 9-127 所示，选择【椭圆形工具】◯按 Ctrl 键绘制正圆，填充颜色 CMYK 值为：100、100、0、100，如图 9-128 所示，使用【贝塞尔工具】绘制图形如图 9-129 所示，选择【文本工具】添加需要的文字，在属性栏中选择【文本属性】调整合适的字体并设置文字大小、颜色，效果如图 9-130 和图 9-131 所示。

图 9-125　完成条码效果

图 9-126　绘制标志外轮廓

图 9-127　设置参数

图 9-128　绘制标志

图 9-129　绘制标志

图 9-130　添加文字

图 9-131　添加字母

（17）选择【椭圆形工具】◯绘制椭圆并填充白色，选择【文本工具】添加文字，在属性栏中选择【文本属性】调整合适的字体并设置文字大小、颜色，效果如图 9-132 所示。在文本文件中复制需要的段落文本，选择【文本工具】在适当的位置拖动光标绘制文本框，将复制的文本粘贴到文本框中，选择【选择工具】在【段落格式化】面板中进行设置，化妆品外包装设计最终效果如图 9-133 所示。

图 9-132　检验合格标志

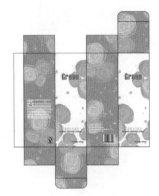
图 9-133　最终效果

9.2.4　案例：促销海报

知识点提示：本案例中主要介绍【渐变填充工具】、【矩形工具】□、【交互式透明度工具】、【贝塞尔工具】、【图框精简剪裁】的使用方法与相关知识。

1．案例效果

案例效果如图 9-134 所示。

图 9-134　完成案例

2．案例制作流程

创建背景图形　　　　　　　　　　　　　　　完成背景图案

完成案例绘制　　　　　　　　　　　　　　　添加文字

3．案例操作步骤

（1）执行【文件】→【新建】命令，新建一个名称为"促销海报"的纵向文档，如图 9-135 所示。双击工具箱【矩形工具】按钮⬚，在绘图页面内创建一个与页面大小一致的矩形，选择工具箱中【渐变填充工具】，渐变类型选择【辐射】，颜色调和选择【自定义】，参数设置如图 9-136 所示，渐变背景效果如图 9-137 所示。

图 9-135　新建文档

图 9-136　设置渐变填充参数

图 9-137　创建渐变背景

（2）按快捷键 F12，弹出【轮廓笔】对话框，设置宽度为 0.5mm，如图 9-138 所示，使用【椭圆形工具】⊙绘制的同时按住 Ctrl 键绘制小正圆，再按快捷键 F12，弹出【轮廓笔】对话框，设置宽度为 0.005mm，如图 9-139 所示，按快捷键 Ctrl+Shift 从小正圆中心绘制大正圆如图 9-140 所示。

图 9-138　轮廓笔参数设置

图 9-139　轮廓笔参数设置

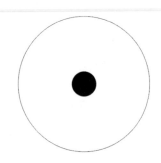

图 9-140　绘制大小不同的同心圆

（3）选择【交互式调和工具】⬚，将光标从小圆拖到大圆上如图 9-141 所示，使用【选择】工具，用圈选的方法将调和图形同时选取，按快捷键 Ctrl+G，将其群组。按住 Ctrl 键的同时使用【椭圆形工具】⊙再绘制一个正圆，选择【交互式变形工具】⬚从正圆中心向外拖拽，设置属性栏 ⬚，效果如图 9-142 所示。

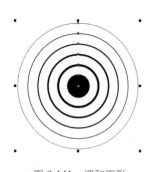

图 9-141　调和图形

图 9-142　绘制星光图形

（4）将调和图形与星光多次执行【复制】→【粘贴】命令，移到背景渐变图形上，调整大小、位置，填充白色，效果如图 9-143 所示。

（5）选择【基本形状工具】按钮⬚，属性栏中选择【完美形状】中的心形并填充颜色，效果如图 9-144 所示，属性设置如图 9-145 所示。

（6）再绘制心形，选择【填充工具】按钮执行【渐变填充】命令，设置如图 9-146 所示，效果如图 9-147 所示，选择心形执行【复制】→【粘贴】命令，按快捷键 Ctrl+Q 执行【转换为曲线】⬚命令，选择【形状工具】⬚调节心形节点，填充渐变颜色，参数设置如图 9-148 所示，完成心形绘制效果如图 9-149 所示。

图 9-143　绘制闪亮图形

图 9-144　绘制心形

图 9-145　属性设置

图 9-146　渐变参数设置

图 9-147　添加渐变效果

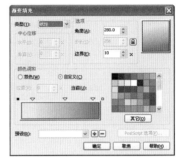

图 9-148　设置参数

（7）按快捷键 F12，弹出【轮廓笔】对话框，设置轮廓笔样式，如图 9-150 所示，绘制断线心形效果如图 9-151 所示，使用【手绘工具】绘制花纹图案，将填充颜色的心形与断线图案调整适当的位置，圈选图案执行【群组】命令，如图 9-152 所示，执行【顺序】命令，将心形图案移到背景左上角，如图 9-153 所示。

图 9-149　心形效果

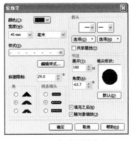

图 9-150　轮廓笔样式设置

图 9-151　心形效果

图 9-152　绘制花纹

图 9-153　完成背景图案

（8）使用【文本工具】添加数字，在属性栏中选择【文本属性】调整合适的字体并设置文字大小、颜色，设置如图 9-154 和图 9-155 所示，使用【选择工具】单击数字 5，中心图标变成圆形后拖动边缘箭头，调整数字方向如图 9-156 所示，选择【交互式阴影工具】按钮，执行【平面右下】样式命令，效果如图 9-157 所示。

图 9-154　设置参数

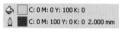

图 9-155　数字颜色与轮廓

图 9-156　调整数字

图 9-157　执行交互式投影

（9）同样使用【文本工具】添加汉字，需要调整文字形状按快捷键 Ctrl+Q 执行【转换为曲线】命令，再选择【形状工具】调节节点，完成文字的设计，然后执行【交互式阴影工具】命令，效果如图 9-158 所示。方法同上继续添加汉字，效果如图 9-159 所示，颜色设置如图 9-160 所示，执行【效果】→【添加透视】命令，调节文字左侧节点，效果如图 9-161 所示，添加阴影效果如图 9-162 所示，继续添加文字如图 9-163 所示。

图 9-158　绘制汉字

图 9-159　绘制汉字

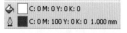

图 9-160　汉字颜色设置

图 9-161　添加透视效果

图 9-162　添加阴影

图 9-163　添加文字宣传内容

（10）将文字与数字分别移到背景图案上，调整位置、大小，效果如图 9-164 所示。

（11）选择【星形工具】██，设置属性栏中点数或边数为 5，绘制五角星，在中心按快捷键 Ctrl+Shift 绘制同心小五角星，圈选五角星执行属性栏中【修剪】命令，删除多余的五角星后效果如图 9-165 所示，选择【填充工具】按钮执行【渐变填充】命令，设置如图 9-166 所示，效果如图 9-167 所示，选择【交互式立体化工具】按钮██，向右上角拖拽，效果如图 9-168 所示，执行【立体化颜色】→【使用纯色】命令，设置如图 9-169 所示，立体部分 RGB 颜色为：150、19、26，完成立体五角星图形 1。

图 9-164　布置文字

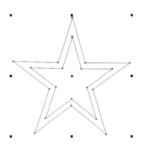

图 9-165　修剪后五角星

图 9-166　设置渐变颜色

图 9-167　添加渐变效果

图 9-168　立体五角星 1

图 9-169　立体效果设置

（12）复制如图 9-167 所示的图形，渐变填充设置如图 9-170 所示，添加效果如图 9-171 所示，添加立体效果设置如图 9-172 所示，立体部分 RGB 颜色为：102、0、102，完成立体五角星图形 2，效果如图 9-173 所示，用同样方法绘制立体五角星图形 3，如图 9-174 和图 9-175 所示，立体部分 RGB 颜色为：20、29、65，效果如图 9-176 所示，绘制立体五角星图形 4，如图 9-177 和图 9-178 所示，立体部分 RGB 颜色为：67、138、123，效果如图 9-179 所示。

图 9-170　设置渐变颜色

图 9-171　添加渐变效果

图 9-172　立体效果设置

图 9-173　立体五角星 2

图 9-174　设置渐变颜色

图 9-175　添加渐变效果

图 9-176　立体五角星 3

图 9-177　设置渐变颜色

图 9-178　添加渐变效果

　　（13）使用【选择工具】📱调整立体五角星大小，执行【顺序】命令调整五角星前后，完成效果如图 9-180 所示，选择【贝塞尔工具】📐绘制彩带并添加颜色，效果如图 9-181 所示，颜色设置如图 9-182所示，圈选立体五角星与彩带按快捷键 Ctrl+G 执行【群组】命令。

图 9-179　立体五角星 4

图 9-180　组合图形

图 9-181　添加彩带效果

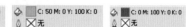

图 9-182　彩带颜色设置

（14）将图案移到招贴下面，调整大小完成本案例的设计，如图 9-183 所示。

图 9-183　完成案例

9.3　本章小结

　　本章通过对多个商业案例的设计、制作步骤的讲解，使读者在学习商业案例并完成大量商业练习和习题后，能够对 CorelDRAW 强大的应用功能和制作技巧有进一步的了解。可以快速地掌握商业案例设计的理念和软件的技术要点，设计制作出专业的案例。

9.4　拓展练习

　　综合运用 CorelDRAW 软件的绘制与编辑图像的工具设计咖啡主题招贴，效果如图 9-184 所示。

图 9-184　咖啡主题招贴

9.5　思考与练习

一、填空题

1. 段落文字和美工文字转换的快捷键是 _____。

2．当我们需要绘制一个正圆形或正方形时，需要按住 _____ 键。

二、选择题

1．颜色模式中颜色范围最大的是（　　）。

  A．CMYK   B．RGB   C．Lab   D．灰度

2．CMYK 颜色模型中，CMYK 分别代表的颜色是（　　）。

  A．棕色、青色、黄色、黑色   B．品红、青色、黄色、黑色

  C．黑色、黄色、品红、青色   D．青色、品红、黄色、黑色

3．HSB 色彩模式中，H 代表的是（　　）。

  A．色度   B．饱和度   C．亮度   D．黄色

三、简答题

1．CorelDRAW 中，【橡皮擦工具】(Eraser Tool) 怎样调整橡皮头大小？

2．如何改变【交互式阴影工具】的阴影颜色？

3．CorelDRAW 中要修改美术文本行距，方法有哪些？